Md. Golam Sarwer

Piscicultura em tanques e situação dos meios de subsistência

Md. Golam Sarwer

Piscicultura em tanques e situação dos meios de subsistência

ScienciaScripts

Imprint

Any brand names and product names mentioned in this book are subject to trademark, brand or patent protection and are trademarks or registered trademarks of their respective holders. The use of brand names, product names, common names, trade names, product descriptions etc. even without a particular marking in this work is in no way to be construed to mean that such names may be regarded as unrestricted in respect of trademark and brand protection legislation and could thus be used by anyone.

Cover image: www.ingimage.com

This book is a translation from the original published under ISBN 978-620-2-06740-9.

Publisher:
Sciencia Scripts
is a trademark of
Dodo Books Indian Ocean Ltd. and OmniScriptum S.R.L publishing group

120 High Road, East Finchley, London, N2 9ED, United Kingdom
Str. Armeneasca 28/1, office 1, Chisinau MD-2012, Republic of Moldova, Europe
Printed at: see last page
ISBN: 978-620-7-92923-8

Conteúdo

Resumo

O presente estudo foi realizado na união de Charbata, em Subarnachar upazilla, no distrito de Noakhali, para conhecer a situação de subsistência dos piscicultores, com ênfase na piscicultura em tanques. O inquérito foi realizado em 50 piscicultores da união de Charbata de abril a novembro de 2011. Os dados foram recolhidos através de visitas pessoais e de entrevistas por questionário. Os dados secundários foram recolhidos junto do responsável pelas pescas da Upazilla. O tamanho dos tanques da área era de 0,24 ha, sendo que 64% dos operadores agrícolas têm tanques de propriedade única, 32% têm tanques de propriedade múltipla e 4% têm tanques de aluguer. As percentagens de pequenos, médios, grandes e muito grandes viveiros eram de 26, 38, 28 e 8, respetivamente, enquanto 48% dos viveiros eram sazonais e 52% perenes. A policultura de carpas indianas e carpas exóticas foi praticada pela maioria dos agricultores. A densidade média de estocagem foi de 14.171 alevinos/ha e o rendimento médio anual de peixe foi de 2.233,18 kg/ha. O custo médio de produção de peixe foi de BDT 54.309,6/ha/ano. O retorno médio e o lucro líquido foram de BDT 156.322,6 e BDT 102.013 respetivamente. Embora as condições de vida dos piscicultores rurais fossem pobres, a situação dos meios de subsistência foi considerada positiva e 94% dos piscicultores melhoraram a sua situação através da piscicultura. Nas áreas de estudo, a maior percentagem (34%) de piscicultores ganhava BDT 75.000-100.000 por ano. Entre os piscicultores, 18% eram analfabetos, enquanto 16, 30, 12, 14 e 10% tinham educação primária, secundária, secundária superior e bacharelato, respetivamente. No presente estudo verificou-se que 36%, 26%, 20%, 10% e 6% dos inquiridos tinham como ocupação principal a agricultura, os negócios, os serviços, o trabalho diário e a piscicultura. Embora a falta de fundos adequados (48%), a falta de conhecimento técnico (26%) e a propriedade múltipla (12%) tenham sido relatados como os maiores constrangimentos na área de estudo. Por conseguinte, a piscicultura é uma abordagem potencial para melhorar os seus meios de subsistência.

Agradecimentos

Em primeiro lugar, o autor gostaria de exprimir o seu mais profundo sentimento de gratidão ao Todo-Poderoso Ahhah, a autoridade suprema do universo, pelo seu assentimento em compilar com sucesso a tese para o grau de Mestre em Aquacultura no Departamento de Aquacultura. A ele se devem as recomendações.

*O autor gostaria de transmitir o seu profundo respeito, sentido de gratidão e reconhecimento ao seu supervisor **Dr. Md. Mohsin Ahi,** (professor, Dept. of Aquacuhture, Tangladesh Agricuhturah University, Mymensingh-2202, pela sua orientação escolar, críticas construtivas, ajuda compassiva, encorajamento constante e inspiração durante todo o período de investigação e preparação desta tese.*

*O autor está profundamente grato ao seu co-orientador, **Dr. S. M. Rflhmatullah,** Professor, Dept. of Aquacuhture, TAT, Mymensingh-2202, pela sua ajuda constante e inabalável, sugestões valiosas e inspiração para melhorar a investigação e a tese no seu conjunto.*

*O autor agradece ao Dr. **Md. Ahi Reza Taruh**ᵢ Professor e Diretor, Departamento de Aquacultura, TAT Mymensingh-2202, pela sua cooperação, sugestões construtivas e apoio cordial durante este trabalho de investigação.*

O autor gostaria também de expressar o seu mais profundo respeito pelo Prof. Dr. Md. AnwaruhIsham, Prof. Dr. Monoranjan Das, Prof. Dr. Mamnur Rashid, Prof. Dr. Pirtunia Juran Chandra, Prof. Dr. Çias Tddin Ahmed, Prof. Md. RuhulAmin, Prof. Dr. Tazhur Rashid Chowdhury, Prof. Dr. Md. Abdus Salam, Prof. Associado Md. SazzadAossain e Prof. Associado Dr. MohammadMahfujulAaq, professores do Departamento de Aquacultura, TAT, Mymensingh-2202, pela sua assistência coordenada e multifacetada para a conclusão do trabalho de tese.

O autor agradece também aⱼ Md.Mahiuddin Ahmed, Tpazilla Tisheries Officer, Subrnachar, pela sua ajuda constante e dedicada e pelas suas sugestões valiosas durante este trabalho de investigação.

Por último, mas não menos importante, o autor deseja agradecer a todos os seus amigos pela sua ajuda durante o trabalho de investigação.

O Autor maio de 2012

Lista de abreviaturas

Abbreviations	Elaboration
BARD	Bangladesh Academy For Rural Development
BBS	Bangladesh Bureau of Statistics
BFRI	Bangladesh Fisheries Research Institute
BRAC	Bangladesh Rural Advancement committee
CARE	Co-operative for American Relief Everywhere
DANIDA	Danish International Development Assistance
DFID	Department for International Development
DoF	Department of Fisheries
GDP	Gross Domestic Production
GNAEP	Greater Noakhali Aquaculture Extension Project
GNP	Gross National Production
GO	Government Organization
HSC	Higher Secondary School Certificate
ICLARM	International Center For Living Aquatic Resources Management
MAEP	Mymensingh Aquaculture Extension project
MS	Master of Science
NGOs	Non-Government Organizations
SSC	Secondary School Certificate
TSP	Triple Super Phosphate
UFO	Upazila Fisheries Officer

Chapter 1

Introdução

A pesca e os recursos aquáticos são económica, ecológica, cultural e esteticamente importantes para a nação. No Bangladesh, a pesca é um dos principais subsectores da agricultura, que desempenha um papel dominante na nutrição, no emprego, na obtenção de divisas e noutras áreas da economia. Em resultado da abundante disponibilidade de produção de peixe em águas interiores, constituiu o segundo componente mais importante da dieta dos bengaleses, a seguir ao arroz (Ali, 1997).

O peixe fornece 58% das necessidades de proteínas animais da população. A pesca é responsável por 7% do emprego total do país. Este sector contribui com cerca de 3,74% do PIB e cerca de 22,23% do valor acrescentado na produção agrícola em 2010-2011. Os produtos da pesca renderam 32 434,1 milhões de BDT em receitas de exportação em 2010-2011 e contribuem para 3% do total das receitas em divisas do país. A produção total de peixe no Bangladeche em 2010-2011 foi de 2 701 370 toneladas métricas (TM), das quais 912 178 TM provenientes de lagos e valas. Há 1,28 milhões de pescadores e 4,23 milhões de piscicultores diretamente envolvidos neste sector (BBS, 2011).

A área total de lagoas no Bangladesh é estimada em 305 025 hactor (ha), dos quais 90,77% são cultivados, 7,82% são cultiváveis e 1,42% estão abandonados. A área total de tanques em Noakhali é de 12.322 ha, dos quais 9.857 ha são cultivados, 2.218 ha são cultiváveis e 247 ha são abandonados (BBS, 2011). A maior parte dos sistemas de piscicultura em tanques de água doce no Bangladesh são extensivos ou semi-intensivos e, em muito poucos casos, intensivos. No sistema de cultura semi-intensivo, os tanques são povoados principalmente com carpas indianas e carpas exóticas, os fertilizantes (principalmente estrume de vaca, ureia e TSP) são utilizados de forma irregular e são fornecidos alimentos suplementares constituídos por farelo de arroz e bagaço de óleo. No método extensivo os peixes são cultivados com alimentos naturais e as rações e fertilizantes são raramente usados, se são usados é em pequena quantidade ou de forma irregular. Os tanques são normalmente alimentados pela chuva. Os peixes armazenados não são especificamente seleccionados, os predadores não são eliminados e não são fertilizados ou geridos durante todo o ciclo de produção. Em geral, a piscicultura no Bangladesh é caracterizada pela utilização de sistemas extensivos e semi-intensivos.

O atual consumo anual de peixe per capita no Bangladesh é inferior às necessidades mínimas; por conseguinte, continua a ser necessário melhorar o consumo de peixe no país. Face ao rápido crescimento da população e ao declínio simultâneo da pesca de captura, a aquicultura surgiu como uma opção viável para aumentar a produção de peixe no país. A piscicultura de água doce no Bangladesh baseia-se principalmente em lagos e, em certa medida, em lagos de bacia. Se os lagos existentes forem submetidos à piscicultura através de um planeamento exato, de uma gestão adequada e de uma nova escavação, o atual nível de produção de peixe pode ser facilmente aumentado 2 a 3 vezes para atingir a quantidade de peixe recomendada para a população do Bangladesh.

Para analisar e compreender os aspectos dos meios de subsistência, é necessário definir primeiro os meios de subsistência. Os meios de subsistência compreendem as capacidades, os activos (capital natural, físico, humano, financeiro e social), as actividades e os acessos a estes (mediados por instituições e relações sociais) que, em conjunto, determinam o modo de vida de um agregado familiar individual. Um meio de subsistência é sustentável quando consegue fazer face e recuperar de tensões e choques e manter ou melhorar as suas capacidades e activos, tanto agora como no futuro, sem prejudicar a base de recursos naturais (Chambers e Conway, 1992).

Muitos piscicultores de viveiro nas zonas rurais adoptaram as actividades de piscicultura como fonte secundária de rendimento e a maioria das pessoas envolvidas na piscicultura melhorou a sua condição socioeconómica através das actividades de piscicultura em viveiro. A piscicultura de água doce desempenha um papel importante nos meios de subsistência rurais no Bangladesh. Para além das oportunidades de autoemprego direto da piscicultura, a piscicultura em tanques oferece diversas oportunidades de subsistência para os operadores e empregados de incubadoras e viveiros de sementes, e para os comerciantes de sementes e outros intermediários. É necessária mão de obra para a construção de tanques, reparações e colheita de peixe.

Subarnachar upazila, em Noakhali, está situada entre 22° 38 e 22° 45 de latitude norte e 91° 20 e 90° 58 de longitude leste. A upazila de Subarnachar, com uma área de 567,14 km2 , é delimitada a norte pela upazila de Noakhali sadar, a sul pela upazila de Hatiya, a leste pelas upazilas de Companiganj e Sandwip e a oeste pelas upazilas de Ramgoti e Lakhmipur. A união de Charbata está situada em Subarnachar Upazila, no distrito de Noakhali, com uma área de 217 km2, é delimitada por Charamanullah a norte, Boyerchar a sul, East Charbata a leste e Charjubili a oeste. A população total de Charbata é de 34 774 habitantes (Mahmud, 2007). O número total de lagoas na união de Charbata é de 826 (Rana e Forbes, 2000).

Terra, água e sementes de peixe de qualidade são os requisitos primários para a produção de peixe em tanques. O preço da terra na área de estudo é comparativamente mais baixo do que noutras regiões devido à grande distância da cidade distrital e à baixa industrialização. As propriedades físicas e químicas dos solos são adequadas para a piscicultura. Há um bom sistema de comunicação com os distritos adjacentes e há também boas facilidades de comercialização. Existem algumas incubadoras de peixes privadas, tais como Globe Fisheries Limited, Al-amin Agro Fisheries Ltd. etc. nas áreas estudadas, pelo que os agricultores recebem sementes de peixe ou qualquer ajuda técnica durante o período de cultivo. Nos últimos anos os agricultores estão a receber algum apoio do governo e de organizações não governamentais.

Até à data, foram realizados no Bangladesh alguns trabalhos limitados baseados em inquéritos sobre os meios de subsistência dos piscicultores. A maior parte dos estudos (Ali *et al.*, 2008 e Zaman *et al.*, 2006, etc.), no entanto, concentrou-se nos aspectos de subsistência do desenvolvimento da piscicultura em tanques.

O DoF e a DANIDA lideraram um projeto GNAEP em 2000, que trabalhou principalmente nos lagos e nos proprietários de lagos de Noakhali Sadar Upazila, no distrito de Noakhali. Após dez anos, foi feito um levantamento limitado nesta área, especialmente em Subarnachar Upazila, relacionado com a cultura de peixes de lago e a situação de subsistência dos piscicultores. No entanto, a situação atual dos piscicultores de Charbata Union em Subarnachar upazila ainda não é bem conhecida. É necessário conhecer a situação dos meios de subsistência dos piscicultores da zona de Char. Assim, o estudo foi realizado para conhecer a informação actualizada sobre os meios de subsistência dos piscicultores e a piscicultura em Charbata, que ainda não tinha sido feita.

O presente estudo foi planeado com os seguintes objectivos

i.   Conhecer a situação dos meios de subsistência dos piscicultores na área de estudo.

ii. Conhecer a prática da cultura em tanques como meio de subsistência dos agricultores.

Chapter 2

Revisão da literatura

A literatura disponível relacionada com o presente trabalho foi revista e é apresentada de seguida:

Mohsin e Haque (2009) efectuaram um estudo sobre o efeito dos condicionalismos na produção de carpas no distrito de Rajshahi. Verificaram que o principal problema era o problema financeiro, com cerca de 34%. Em seguida, os problemas relacionados com as sementes, a alimentação, a caça furtiva, a falta de água suficiente no tanque, as doenças e o envenenamento do tanque são enfrentados por 25, 14, 11, 6, 4, 4 e 2% dos agricultores, respetivamente. Verifica-se um claro desvio na produção de carpas entre os agricultores instruídos (5.670 kg/ha) e os analfabetos (3.250 kg/ha).

Ali *et al.* (2008) realizaram um inquérito sobre a avaliação da situação dos meios de subsistência dos piscicultores em algumas áreas seleccionadas de Bagmara upazilla no distrito de Rajshahi. O tamanho médio dos tanques era de 0,13 ha, com propriedade única (64%) e múltipla (36%). A maioria dos pescadores pertencia à categoria etária de 31 a 40 anos e o nível médio de educação era de 9,86 anos de escolaridade, representado por 94% de muçulmanos e 6% de hindus. O rendimento médio anual da maioria dos piscicultores era superior a BDT 75.000 por ano. A falta de conhecimentos científicos, as múltiplas propriedades e a falta de capital para a piscicultura foram os principais constrangimentos.

Zaman *et al.* (2006) conduziu uma pesquisa sobre a situação atual dos recursos pesqueiros dos tanques e os meios de subsistência dos piscicultores de Mohanpur upazila no distrito de Rajshahi. Ele descobriu que o tamanho dos tanques da área variava de 15 a mais de 180 decimais, dos quais o máximo de tanques (57,8%) era operado por um único proprietário. A observação no terreno revelou que 65,5% dos tanques eram utilizados para a piscicultura, enquanto 28,5% e 6% dos tanques eram cultiváveis e abandonados, respetivamente. Entre os piscicultores 23.3% eram analfabetos enquanto que 14.4, 8.9 e 6.7% tinham educação primária, secundária e secundária superior ou superior, respetivamente. A agricultura (51,1%) é a principal ocupação dos proprietários de tanques, seguida pela aquacultura (18,9%). A maior percentagem (33%) de piscicultores ganhava BDT 25.000-50.000 por ano, 32% ganhavam BDT 50.000-100.000 e os restantes 25% ganhavam acima de BDT 125.000 por ano. Os piscicultores enfrentam vários problemas, tais como problemas sociais, económicos e técnicos, que foram identificados durante o estudo.

Alam (2006) realizou uma experiência sobre as condições sócio-económicas dos piscicultores em algumas áreas seleccionadas de Mithapuqur upazila no distrito de Rangpur. Ele descobriu que o tamanho médio dos tanques era de 0,15 ha, cerca de 32% eram sazonais e 68% eram perenes. O inquérito revelou que 80% dos agricultores tinham um único proprietário e 20% tinham vários proprietários dos seus lagos. A densidade populacional foi de 17 262 alevins/ha/ano e o rendimento anual foi de 2 609 kg/ha/ano. O custo médio de produção foi de Tk 65.236/ha/ano. O lucro líquido foi de Tk 52.596/ha/ano e o rácio custo-benefício foi de 1,81.

Ara (2005) estudou a avaliação da piscicultura de água doce em pequena escala para a subsistência sustentável da população rural em três upazilas, nomeadamente Muktagacha, Phulpur e Trishal, no distrito de Mymensingh, e observou que o tamanho médio dos tanques era de 0,086 ha, com 84% dos agricultores com propriedade múltipla e apenas 16% com propriedade única, e 92% das explorações praticam a policultura com carpas indianas e exóticas. Verificou que o período de povoamento dos alevins ia de abril a junho e que a densidade média de povoamento era de 16 129 alevins/ha. Várias rações, como farelo de arroz, farelo de trigo, bolos de óleo, etc., foram usadas na proporção de 459 kg/ha, 677 kg/ha, 682 kg/ha/ano. A produção média de peixe foi de 2.844 kg/ano e o custo médio de produção de peixe e o retorno líquido foram calculados em BDT 50.504 ha/ano e BDT 55.252 ha/ano respetivamente.

Islam (2005) conduziu uma pesquisa sobre o status sócio-econômico da piscicultura em algumas áreas selecionadas do distrito de Dinajpur e descobriu que o tamanho médio dos tanques era de 0,16 ha (40 decimais) com variação de 0,40 ha (11 decimais) a 0,81 ha (200 decimais). No estudo, 60% dos tanques eram sazonais e 64% eram perenes, 76% dos agricultores eram proprietários únicos e 24% eram proprietários múltiplos. Verificou que o período de povoamento dos alevins era de março a maio e que a densidade média de povoamento era de 17.370 alevins/ha/ano. A falta de conhecimentos científicos, a escassa oferta de alevins, o elevado custo de produção, as doenças, a falta de dinheiro, as fracas facilidades de crédito, o fraco apoio institucional e os serviços de extensão inadequados foram os principais problemas da piscicultura em tanques.

Saha (2004) realizou um inquérito sobre os aspectos socioeconómicos da aquicultura em Tangail sadar Upazila e observou que a dimensão média dos tanques era de 0,19 ha, 37% dos tanques eram sazonais e 74,5% dos tanques eram propriedade de famílias e 21% de agricultores com propriedade múltipla. A densidade média de estocagem foi de 17.419 alevinos/ha. A produção média anual de peixe foi de 2.890 kg/ha/ano.

Ahmed (2003) realizou um estudo com o objetivo principal de avaliar as diferentes práticas de cultivo e determinar a rentabilidade relativa da produção de peixe em tanque no distrito de Mymensingh. Ele observou que a densidade média de povoamento de alevinos era de 9.537-10.445/ha/ano. O custo médio da produção de peixe foi estimado em 23.210-24.790 BDT /ha/ano, enquanto o retorno líquido foi de 59.119-56.484 BDT /ha/ano. Ele afirmou que a policultura de carpas é um negócio lucrativo e 71% dos agricultores melhoraram a sua condição socioeconómica através do rendimento da piscicultura.

Rahman (2003) realizou um estudo sobre os aspectos socioeconómicos do desenvolvimento da cultura da carpa no distrito de Gazipur e observou que 90% dos agricultores cultivavam carpas indianas e carpas exóticas. A dimensão média dos tanques era de 0,12 ha e a densidade de juvenis de carpa era de 25 250/ha. O rendimento médio anual da carpa foi estimado em cerca de 2 925 kg/ha/ano.

Saha (2003) realizou um inquérito sobre a tecnologia de produção de peixe em Dinajpur sadar Upazila e descobriu que o tamanho médio dos tanques era de 0,21 ha, 17% dos tanques eram sazonais, e 83% dos tanques eram perenes e 14,5% dos agricultores tinham propriedade múltipla. A densidade média de povoamento foi de 16 561 alevins/ha. O farelo de arroz, o bagaço de mostarda e o estrume de aves de capoeira foram utilizados como alimentos, com 1.407.793 e 1.936 kg/ha/ano, respetivamente.

Shahjahan *et al.* (2003) descobriram que o estatuto dos muçulmanos era caracterizado como maioria absoluta (66,67) e os hindus eram notavelmente inferiores (33,37%). O maior tamanho de família (7,87 pessoas) pertence aos pescadores de berjal, cujo rendimento é o mais elevado, e o menor tamanho de família (5,26 pessoas) é encontrado na atual família de jal. Quanto ao nível de escolaridade, 66,33% eram analfabetos, 32,67% tinham até o nível primário e 5% apenas o nível secundário. A maioria dos pescadores era analfabeta. O rendimento mensal médio mais elevado foi registado em ber jal e o mais baixo em thela jal.

Rahman e Miah (2001) conduziram um estudo sobre a economia da cultura de peixe em tanque em algumas áreas seleccionadas de Bangladesh. Verificou-se que o custo de produção de peixe de tanque era de BDT 10.103/ha/ano e o rendimento de peixe por hectare era de 943 kg/ano e a média de retorno bruto e líquido era de BDT 49.515 e BDT 39.412 respetivamente.

Amin *et al.* (2001) trabalharam sobre a economia da piscicultura em tanques sob a supervisão do BRAC em Mymensingh, Bangladesh. Eles descobriram que a policultura era economicamente mais compensadora do que a monocultura, embora ambas as actividades de cultivo fossem lucrativas. A análise da função de produção provou que os factores de produção, como os alevins, os fertilizantes, as rações e o estrume, tinham um impacto positivo na produção. O trabalho humano e os insecticidas foram utilizados em excesso.

Quddus *et al.* (2000) observaram que cerca de 34% do total dos tanques eram de propriedade conjunta, 54% eram de propriedade individual e os restantes 12% eram de propriedade pública ou de organizações em Demra, Dhaka. Cerca de 95% dos proprietários de tanques mostraram o seu interesse na piscicultura. Apenas 28% dos tanques são inundados todos os anos e 21% raramente são inundados, enquanto que 51% dos tanques nunca são inundados. O rendimento por hectare das categorias extensiva, extensiva melhorada e semi-intensiva de cultura foi de 1300, 2120 e 4000 kg respetivamente e o seu retorno líquido foi de BDT 46.000, BDT 63.000 e BDT 92.000 respetivamente. O nível de educação dos aquacultores em Demra, Dhaka, era inferior a SSC 43%, inferior a Bacharel 38% e Bacharel e superior a 19%, respetivamente, mas não havia nenhum aquacultor analfabeto. Ele descobriu que a propriedade múltipla era o principal problema da piscicultura em Demra.

Biswas *et al.* (2000) indicaram que a piscicultura em tanques da BRAC era altamente lucrativa. O custo total médio da produção de peixe de tanque/ha/ano foi de BDT 59.813,57 enquanto o rendimento bruto e o retorno líquido foram de BDT 14.532,67 e 85.511,10 respetivamente para todos os locais. A análise da função de produção Cobb-Douglas revelou que os insumos materiais como alevinos, ração, fertilizante e estrume tiveram um impacto positivo na produção de peixes de viveiro.

Hossain (1999) realizou um estudo para determinar os custos, retornos e rentabilidade da piscicultura em tanques no âmbito do Projeto de Extensão de Aquacultura de Mymensingh. Ele usou um modelo de função de produção linear para ver as relações dos principais' s factores utilizados na produção de peixe de lago. O estudo mostrou que o retorno bruto da produção de peixe em tanque foi de BDT 167.631/ha/ano. No caso de pequenas, médias e grandes fazendas o retorno líquido foi de BDT 25,224, 26,060 e 32,973/ha, respetivamente.

Islam (1998) descobriu que a produção média anual por hectare de peixe dos agricultores de crédito e de contacto era de 4.258 e 3.019 kg, respetivamente. O retorno bruto anual por hectare dos agricultores de crédito e de contacto foi de BDT 147.965 e BDT 105.514, respetivamente. O rendimento líquido, com base no custo total e no custo de caixa, foi de 61 777 BDT e 104 585 BDT para os agricultores de crédito e de 35 493 BDT e 74 411 BDT para os agricultores de contacto, respetivamente. As conclusões do estudo indicam claramente que os agricultores de crédito obtiveram lucros mais elevados do que os agricultores de contacto. Este estudo identificou que o uso científico de insumos, a profundidade normal da água, o fluxo fácil de capital; serviços de extensão eficientes aumentaram a produção de peixes.

Hossain *et al.* (1997) obtiveram uma produção média de carpa de 2.133 kg/ha em 105 dias, num sistema de cultura mista, utilizando uma alimentação suplementar (farelo de arroz e bagaço de óleo de mostarda 1:1) à razão de 5% do peso corporal total, diariamente em duas parcelas.

Rana (1996) estudou três upazilas no distrito de Sirajgonj cobrindo 60 tanques e observou que a piscicultura de tanque era uma atividade altamente lucrativa. Ele descobriu que o tamanho do tanque e o estoque de alevinos tinham um efeito negativo e que a propriedade do tanque, a ração, o fertilizante e o trabalho humano tinham um efeito positivo na piscicultura em tanques. Os principais problemas associados à produção de peixes foram a indisponibilidade de ração, instalações de comercialização inadequadas, falta de equipamento e conhecimento científico, inundações, doenças, propriedade múltipla, alto preço dos insumos e roubo de peixes.

Shohag (1996) estudou a produção de peixe sob crédito supervisionado em Nandail thana do distrito de Mymensingh. O estudo foi realizado em 50 tanques e tentou determinar o padrão de propriedade dos tanques de piscicultura, as práticas de produção, os custos e o retorno da piscicultura em tanques, e os diferentes factores que afectam o rendimento. Observou-se que a produção de peixes de viveiro sob sistema de crédito supervisionado dependia principalmente do armazenamento de alevinos, do uso de fertilizantes e ração artificial e do trabalho humano para as diferentes operações. A produção média anual de peixe foi de 5.229 kg/ha.

Rahman (1995) efectuou um estudo em quatro sindicatos de Gouripur thana, no distrito de Mymensingh, abrangendo 60 tanques e observou que o nível mais elevado de factores de produção utilizados resultava numa produção mais elevada. Consequentemente, um investimento mais elevado produziu um retorno bruto mais elevado, bem como um retorno líquido por unidade de massa de água do tanque. Ele descobriu que o rendimento médio anual de peixe era de 4.923 kg/ha e variava de 4.505 a 5.413 kg/ha. O retorno bruto médio e o retorno líquido foram de BDT 72.910 e 15.833/ha, respetivamente.

Hossain *et al.* (1992) observaram que os maiores problemas enfrentados pelos piscicultores são a propriedade múltipla, seguida pela falta de fundos, falta de conhecimento científico, indisponibilidade dos alevinos desejados, roubo, incidência de inundações, água insuficiente no tanque durante a estação seca, ataque de pássaros, menor rentabilidade e crescimento deficiente dos peixes.

Khan *et al.* (1991) conduziram um estudo sobre os recursos pesqueiros dos tanques em Trisal upazila, Bangladesh, e indicaram que a maioria dos tanques não abandonados eram cultivados tradicionalmente, o que poderia ser melhorado através de serviços de extensão. A falta de conhecimento sobre a piscicultura foi considerada um dos problemas mais importantes da piscicultura. Entre outros, a propriedade múltipla, a falta de orientação e supervisão foram os principais constrangimentos para a piscicultura em tanques. Estes problemas poderiam ser resolvidos (i) motivando os proprietários de tanques a adotar a tecnologia moderna de piscicultura e assegurando a sua formação adequada em piscicultura científica e (ii) fornecendo facilidades de crédito adequadas aos agricultores pobres e alugando os tanques de propriedade múltipla a uma pessoa/grupo interessado.

Mollah *et al.* (1990) efectuaram um estudo sobre a produção de peixe nos tanques de Luxmipur no Bangladesh. Eles descobriram que o tamanho médio das famílias de piscicultores era de 7,61 pessoas, entre as quais 3,95 e 3,61 eram homens e mulheres, respetivamente. Eles revelaram que

8.8% dos donos dos tanques eram analfabetos e não tinham educação formal. Mais uma vez, 35% e 16.3% dos piscicultores tinham o nível primário e secundário de educação, respetivamente. Cerca de 24% dos produtores de peixe de viveiro tinham um nível de educação secundário superior e apenas 6,3% dos piscicultores tinham um grau de educação gradual ou superior. O cultivo de arroz era a principal ocupação e a principal fonte de rendimento, para além da produção de peixe.

Kaiya *et al.* (1987) efectuaram um estudo sobre os recursos pesqueiros dos tanques em Mirzapur Upazila no distrito de Tangail. Os resultados obtidos no inquérito revelaram que a maioria dos tanques de Upazila não estavam a ser cultivados. A situação da piscicultura variava com a idade e o número de proprietários dos tanques. Os tanques construídos recentemente e com menor número de proprietários estavam normalmente a ser cultivados. Relativamente aos problemas da piscicultura, a propriedade múltipla foi considerada a mais importante. Entre outros, a falta de conhecimentos científicos, a falta de fundos, a incidência de inundações e a indisponibilidade de alevins foram considerados importantes

Ali e Rahman (1986) identificaram um certo número de grandes constrangimentos socioeconómicos e técnicos da piscicultura em tanques nos distritos de Rangpur e Mymensingh. No distrito de Rangpur, cerca de 89% dos agricultores mencionaram a indisponibilidade de peixe frito (tanto espécies indígenas como exóticas) como o maior problema para a cultura de peixes em tanques. Em Mymensingh, 37% dos proprietários de tanques de peixes queixaram-se desses problemas. A falta de fundos suficientes para a piscicultura foi o maior problema para 53 e 32% dos proprietários de tanques de peixes em Rangpur e Mymensingh, respetivamente. Cerca de 45% dos proprietários de viveiros seleccionados em Rangpur sentiram que o envolvimento das mulheres poderia aumentar a produção de peixe, enquanto que em Mymensingh isso foi sugerido por 60%.

Gill e Motahar (1982) investigaram os possíveis constrangimentos sociais e económicos na realização do enorme potencial de intensificação da piscicultura no Bangladesh. A propriedade múltipla foi considerada um grande constrangimento para a piscicultura e outros problemas identificados foram a indisponibilidade de alevinos, a falta de formação técnica para os agricultores, a escassez de capital de investimento e o roubo de peixe ou o envenenamento deliberado do tanque devido à rivalidade, inimizade e ciúme.

Chapter 3

Materiais e métodos

3.1   Conceção da investigação

A conceção do inquérito para o presente estudo envolveu algumas etapas necessárias, que são descritas a seguir

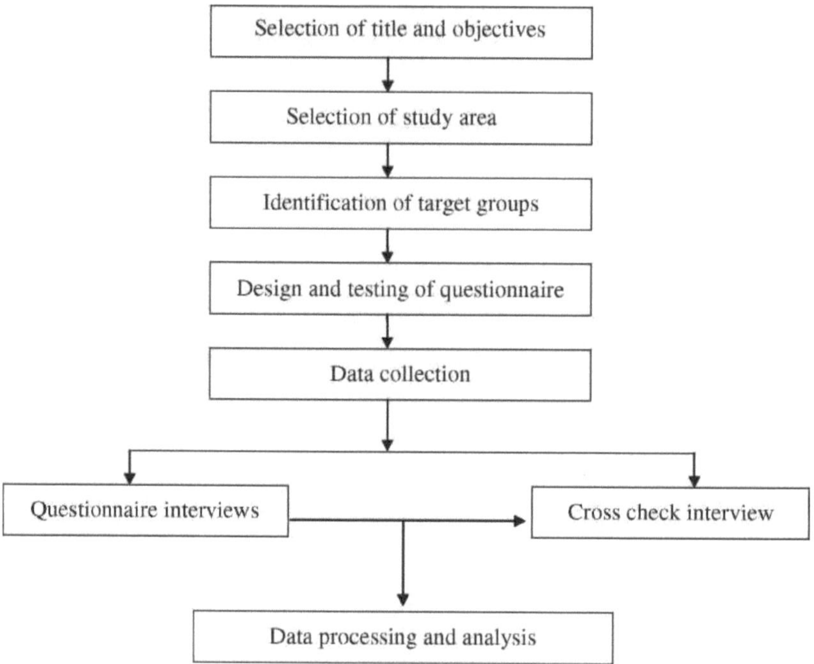

Figura 3.1. Fluxograma da conceção da investigação

3.2   Seleção da área de estudo

A união de Charbata em Subarnachar upazila do distrito de Noakhali, que abrange uma área de cerca de 217 km^2 , foi selecionada para o presente estudo. A união de Charbata tem 5 mouza, a saber: Charbata, Charbata médio, Charbata oeste, Charmajid e Charmajid sul. Finalmente, os dados foram recolhidos junto de 50 proprietários de lagos, cobrindo aleatoriamente as áreas de estudo seleccionadas. A área foi selecionada tendo em conta os seguintes critérios: intensidade da piscicultura nesta área, dependência dos agricultores da piscicultura, facilidades de comunicação na área, actividades das ONGs na piscicultura e adequação do trabalho de investigação nesta área.

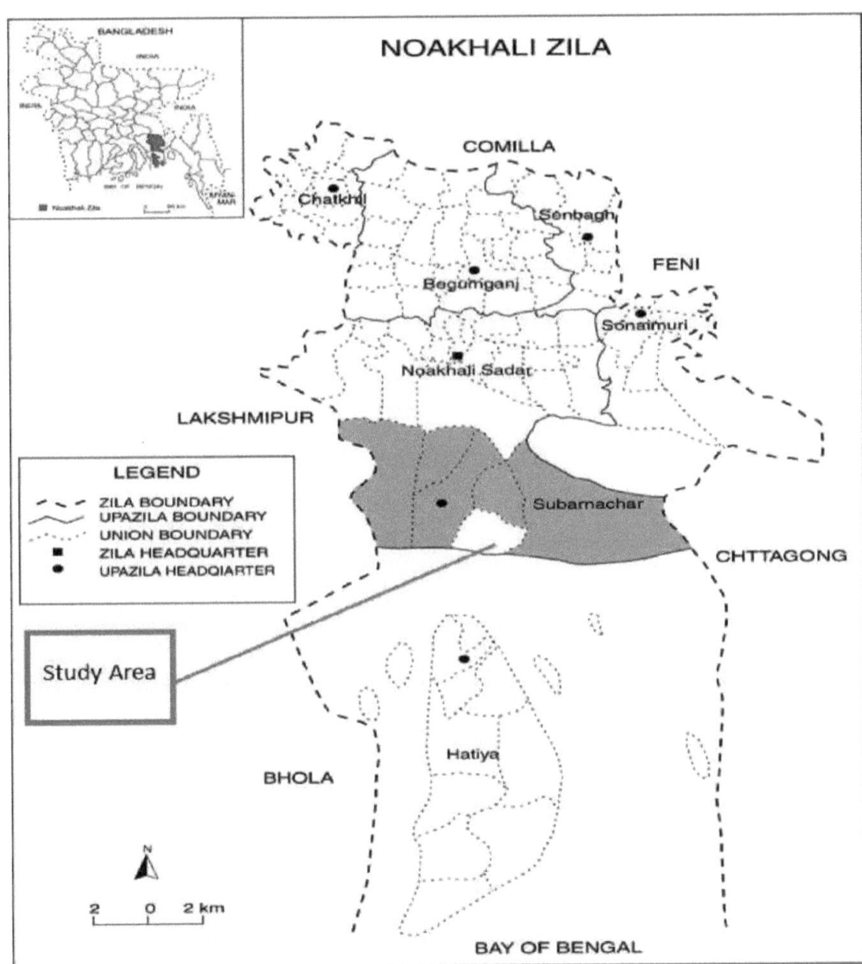

Fig.3.2. Mapa do distrito de Noakhali indicando a área de estudo

3.3   Grupos-alvo

As pessoas que têm um tanque e cultivam peixes em pequena e grande escala são seleccionadas como inquiridas. Apenas alguns proprietários de tanques cultivam peixes de forma semi-intensiva, mas a maioria deles cultiva peixes como escolha secundária para sustentar a sua família e melhorar a sua condição económica.

3.4   Preparação do questionário

Para a recolha de dados, foi elaborado um programa de entrevistas para este estudo. O questionário foi concebido com perguntas fechadas e abertas. Também foram necessários alguns tipos de perguntas descritivas para conhecer os factos. Por esse motivo, foram utilizadas perguntas fechadas e abertas durante a recolha de dados.

O questionário foi elaborado com informações pessoais e sócio-económicas dos proprietários dos tanques, tais como distribuição etária, tamanho da família, nível de alfabetização, ocupação, fonte de rendimento, nível de rendimento, padrão de propriedade da terra, tamanho da propriedade da terra e condições físicas dos tanques e etapas dos métodos de cultivo de peixes, como tamanho do tanque, profundidade, densidade de povoamento, aplicação de ração e fertilizantes, calagem e colheita.

3.5 Número de amostras e processo de amostragem

Não foi possível incluir todos os charcos na área de estudo devido à limitação de tempo e de recursos. 50 amostras foram tiradas da união de Charbata onde cada 10 amostras foram tiradas de 5 mouza. Para as entrevistas por questionário, foi seguido o método de amostragem aleatória simples para os piscicultores.

Tabela 3.1. Tamanho da amostra de piscicultores na área de estudo

Amostra	Área de estudo	Tamanho da	Método de recolha de dados
	União de Charbata	amostra	
Piscicultores	meados de Charbata	10	Entrevistas por questionário
	oeste Charbata	10	
	Charbata	10	
	Charmajid	10	
	sul Charmajid	10	

3.6 Período do estudo

O estudo foi realizado durante um período de oito meses, de abril a novembro de 2011. Os dados foram recolhidos pessoalmente através de entrevistas presenciais. Os inquiridos forneceram informações principalmente a partir da sua memória.

3.7 Método de recolha de dados

Os dados foram recolhidos através de entrevistas por questionário e entrevistas cruzadas com informadores chave. Foi muito difícil recolher dados uma vez que os agricultores não mantinham registos escritos sobre as actividades de piscicultura nos tanques e os dados que forneciam eram sobretudo de memória.

Fig. 3.3. Etapas do método de recolha de dados junto dos piscicultores

3.8 Entrevista por questionário

As entrevistas por questionário foram efectuadas nos locais dos tanques ou em casa dos agricultores. O tempo necessário para cada entrevista foi de cerca de 30 minutos a uma hora. Embora os questionários tenham sido preparados em inglês, as perguntas aos agricultores foram feitas em bengali durante a entrevista.

No início da entrevista, foi feita uma breve introdução sobre os objectivos do estudo a cada um dos agricultores e foi-lhes assegurado que todas as informações seriam mantidas confidenciais.

Placa 1. Entrevista de questionário com piscicultor na união de Charbata

Placa 2. Entrevista de questionário com piscicultor em Charmajid

3.9 Entrevistas de controlo cruzado

Após a recolha dos dados através de entrevistas por questionário, foi necessário verificar a informação para justificar os dados recolhidos. Foram efectuadas entrevistas de verificação cruzada com informadores-chave, como o responsável distrital pelas pescas, o assistente do responsável pelas pescas, o gestor de acompanhamento e avaliação da DANIDA (distrito de Noakhali), o professor da escola, o presidente e os membros dos conselhos sindicais e o aratder da zona de estudo.

Quadro 3: Entrevista de controlo cruzado com o responsável das pescas da Upazilla

Quadro 4: Entrevista de controlo cruzado com os professores da escola

3.10 Processamento e análise de dados

Os dados recolhidos foram cuidadosamente examinados e resumidos antes da tabulação efectiva. Alguns dos dados foram recolhidos em unidades locais e esses dados foram convertidos em unidades internacionais. Os dados processados foram transferidos corretamente, revelando as conclusões do estudo. Em seguida, os dados foram tabulados numa folha de dados preliminar de um computador e comparados com folhas de cálculo informáticas para garantir a exatidão dos dados introduzidos. Após a introdução dos dados, estes foram analisados com o programa informático Microsoft Excel.

Chapter 4

Resultados

4.1 Estado físico dos lagos

4.1.1 Tamanho do tanque

O tamanho médio dos tanques na área de estudo é de 0,24 ha. Com base no tamanho dos tanques, estes foram divididos em quatro categorias: pequeno, médio, grande e muito grande. Menos de 0,10 ha foi considerado pequeno, de 0,10 a 0,25 foi considerado médio, de 0,26 a 0,50 foi considerado grande e acima de 0,5 foi considerado muito grande. Na área de estudo, 26% das lagoas são pequenas, 38% são médias, 28% são grandes e 8% são muito grandes.

Tabela 4.1. Categoria de tamanho de tanque (ha) na área de estudo

Categoria da lagoa	N.º de agricultores	% do total
Pequeno (<0,1)	13	26
Médio (0,1-0,25)	19	38
Grande (0,26-0,5)	14	28
Muito grande (>0,5)	4	8
Total	50	100

4.1.2 Propriedade da lagoa

A propriedade dos tanques na área de estudo foi dividida em quatro tipos: propriedade única, propriedade múltipla, arrendamento e khas do governo. Na área de estudo, 64% dos operadores têm tanques de propriedade única, 32% têm tanques de propriedade múltipla e 4% têm tanques de aluguer. Não há nenhum lago de khas do governo.

Tabela 4.2. Propriedade das lagoas na área de estudo

Propriedade da lagoa	N.º de agricultores	% do total
Individual	32	64
Múltiplos	16	32
Arrendamento	2	4
Governo khas		
Total	50	100

4.1.3 Tipo de lagoa

Existem dois tipos de tanques na área de estudo: 1) sazonal e 2) perene. Os tanques perenes podem reter a água durante todo o ano mas durante a estação seca tornam-se impróprios para a piscicultura. Porque o nível de água dos tanques perenes diminui durante a estação seca. Os tanques sazonais não podem reter a água durante todo o ano. Na área de estudo, 48% dos tanques eram sazonais e 52% eram perenes.

4.1.4 Profundidade do tanque de peixes

Na área de estudo a profundidade média da água foi de 3.11m. É um fator importante que afecta os peixes armazenados, o crescimento e o desenvolvimento dos organismos naturais que alimentam os peixes no tanque.

4.1.5 Estado das inundações

No Bangladesh, durante a estação das monções, as inundações ocorrem na maior parte da área e dificultam a prática da cultura em tanques. Na área de estudo, 62% dos tanques raramente eram inundados, 31% nunca eram inundados e apenas 4% eram inundados todos os anos.

Tabela 4.3. Estado das inundações na área de estudo

Estado das inundações	N.º de agricultores	% do total
Todos os anos	2	4
Raramente	31	62
Nunca	17	34
Total	50	100

4.2 Tecnologia de produção de peixe

4.2.1 Época cultural

Na área de estudo, a época de criação de peixe é de abril a dezembro. As batatas fritas são armazenadas quando estão disponíveis, de abril a junho, e são colhidas principalmente de dezembro a janeiro.

4.2.2 Método de cultura

Na área de estudo, verificou-se que todos os agricultores estavam envolvidos na policultura. Não se registou qualquer monocultura ou sistema integrado. Os agricultores cultivavam principalmente carpas indianas, tais como *Labeo rohita, Catla catla, Cirrhinus cirrhosus* e *Cyprinus* spp. tais como *Hypophthalmichthys molitrix, Ctenopharyngodon ideila, Cyprinus carpio, Hypophthalmichthys nobilis*, *Puntius sarana* e *Oreochromis mossambicas*, juntamente com carpas indianas e carpas exóticas. Os agricultores não efectuaram qualquer combinação científica das espécies.

4.2.3 Densidade populacional

O rendimento do peixe depende em grande medida do povoamento dos alevins. Tanto o excesso como o défice de stock resultam num baixo rendimento. A partir do estudo, verificou-se que a maioria dos agricultores armazenou alevinos do vendedor de sementes de peixe (comerciante local tradicional de alevinos) e alguns agricultores armazenaram alevinos produzidos em incubadoras. A densidade média de estocagem foi de 14.171 alevinos/ha na área de estudo.

4.2.4 Fertilização e calagem

Os fertilizantes facilitam e aumentam a produção de comida natural, aumentando assim a produção de peixe. Foi observado que a maioria dos agricultores usava estrume de vaca e apenas alguns agricultores usavam excrementos de aves como fertilizante orgânico. Os agricultores usaram ureia e TSP como fertilizantes inorgânicos. Na área de estudo os piscicultores geralmente usavam esterco de vaca em seus tanques regularmente ou quatro a cinco vezes por mês. A maioria dos piscicultores usava fertilizantes irregularmente. O inquérito mostrou que todos os agricultores usavam cal irregularmente em doses variáveis.

4.2.5 Alimentação e práticas alimentares

Do estudo, verificou-se que os piscicultores utilizavam alimentos suplementares, tais como farelo de arroz e bagaço de óleo de mostarda e alimentos comerciais. Na área de estudo, 96% dos piscicultores usaram farelo de arroz, 74% usaram bolo de óleo de mostarda e 32% usaram ração comercial. A maioria dos piscicultores alimentava os seus peixes de forma irregular. Os piscicultores não mantinham nenhuma taxa de alimentação recomendada cientificamente.

Quadro 4.4. Alimentos utilizados pelos agricultores

	Utilização de alimentos para animais		
Tipo de alimentação	Sim	Não	Total (n= 50)
Farelo de arroz	48(96%)	2(4%)	50(100%)
Bolo de óleo de masturd	37(74%)	13(26%)	50(100%)
Alimentos comerciais	16(32%)	34(68%)	50(100%)

4.2.6 Colheita e comercialização

Na zona de estudo, a colheita é efectuada principalmente de forma parcial. O período de pico da colheita foi registado de outubro a dezembro. Os agricultores apanham o seu peixe usando redes de fundição e redes de cerco localmente conhecidas como Berjal. A partir do inquérito, verificou-se que o peixe é vendido pelos agricultores a vendedores locais e o resto é consumido pelas famílias e dado aos seus familiares.

Verificou-se que 44% dos agricultores precisavam de mão de obra contratada para a apanha do peixe e os restantes não precisavam de contratar mão de obra.

Tabela 4.5. Tipo de mão de obra necessária para a colheita

Mão de obra	N.º de agricultores	% do total
O próprio agricultor	28	56
Trabalhador contratado	22	44
Total	50	100

Nos sistemas de comercialização, há uma série de intermediários, tais como agentes locais, vendedores inteiros, comerciantes de peixe locais e retalhistas. A comunicação com o mercado é normalmente feita através de intermediários. Na área de estudo, observou-se que alguns piscicultores de viveiros vendiam diretamente o seu peixe ao paiker ou agente local na margem dos viveiros e a maioria dos piscicultores trazia o seu peixe para os mercados locais e vendia-o diretamente aos vendedores ou consumidores locais.

4.2.7 Produção de peixe

No presente estudo verificou-se que o rendimento médio anual de peixe foi de 2.233,18 kg/ha.

4.2.8 Análise do custo-benefício da produção de peixe

Para ganhar dinheiro com a piscicultura, o custo de produção torna-se um fator importante e, consequentemente, desempenha um papel dominante na tomada de decisões do agricultor· s. Considerando a sua importância, o presente estudo deu ênfase à composição estrutural do custo de produção e ao seu impacto no rendimento da exploração. Todos os custos e rendimentos foram contabilizados para um ano.

4.2.8.1 Custo de produção

Na área de estudo, verificou-se que o custo total anual médio da produção de peixe era de BDT 54.309,6/ha

Tabela 4.6. Custo médio de produção de peixe/ha na área de estudo

Rubricas de custos	Valor (BDT)	Custo percentual (%)
Dedaleira	19,136	35.24
Cal	3,534.92	6.51
Fertilizante	2,744.38	5.05
Alimentação	25,278	46.54
Trabalho humano	2,328	4.29
Inseticida	127.5	0.23
Colheita	1,160.8	2.14
Total	54,309.6	100.00

4.2.8.2 Retorno da colheita de peixe

No presente estudo verificou-se que o retorno médio da produção piscícola foi de BDT 156.322,6 /ha/ano.

4.2.8.3 Lucro líquido

A partir do inquérito, verificou-se que o lucro médio por hectare da piscicultura era de BDT 102.013/ha/ano.

4.2.9 Principais limitações da piscicultura

A falta de fundos adequados é identificada como o principal constrangimento mais importante na área de estudo (48%). Para além disso, a falta de conhecimentos técnicos (26%), a propriedade múltipla são referidos como outros constrangimentos principais nas áreas de estudo. Os donos de tanques mencionaram que o risco de caça furtiva de peixe, inundações e falta de disponibilidade de alevins e outros insumos são os problemas menores na área. Cerca de 8% dos donos de tanques pensam que as doenças são um obstáculo à produção de peixe.

Tabela 4.7. Principais constrangimentos da piscicultura

Problemas	N.º de agricultores	% do total
Propriedade múltipla	6	12
Falta de conhecimentos técnicos	13	26
Falta de fundos adequados	24	48
Inundação	2	4

Risco de doença	4	8
Risco de caça furtiva	-	
Lago de alevins disponíveis e outros factores de produção	1	2
Total	50	100

4.3 Situação dos meios de subsistência

De acordo com o DFID (2000), existem cinco activos de subsistência (i.e. capital humano, capital físico, capital financeiro, capital social e capital natural) que são os seguintes

4.3.1 Capital humano

O capital humano representa a idade, a educação, a dimensão e o estatuto da família, o estatuto religioso, etc. do agricultor.

4.3.1.1 Educação

A educação tem um efeito positivo na produtividade das explorações agrícolas. No presente estudo, foram utilizadas seis categorias para determinar o nível de educação. Estas categorias são: sem educação, primário (até 5 classes), secundário (6 a 10 classes), SSC, HSC e bacharelato. Dos 50 piscicultores, 18% não tinham educação, 16% tinham o nível primário (até 5 classes), 30% tinham o nível secundário (6 a 10 classes), 12% tinham o nível SSC (10 classes), 14% tinham o nível HSC e 10% tinham o nível de bacharelato.

Tabela 4.8. Nível de educação dos piscicultores de tanque

Nível de educação	N.º de agricultores	% do total
Analfabeto	9	18
Primário	8	16
Secundário	15	30
S.S.C	6	12
H.S.C	7	14
Bacharel	5	10
Total	50	100

4.3.1.2 Distribuição etária

No presente estudo, os piscicultores foram classificados em seis grupos etários: 15 a 25 anos, 26 a 35 anos, 36 a 45 anos, 46 a 55 anos, 56 a 65 anos e acima de 65 anos. O maior número de piscicultores estava na faixa etária de 36 a 45 anos, com 24%. Em seguida, do total de piscicultores, 22% pertenciam à faixa etária de 26 a 35 anos, 22% à faixa etária de 46 a 55 anos, 12% à faixa etária de 56 a 65 anos, 12% à faixa etária acima de 65 anos e 6% à faixa etária de 15 a 25 anos.

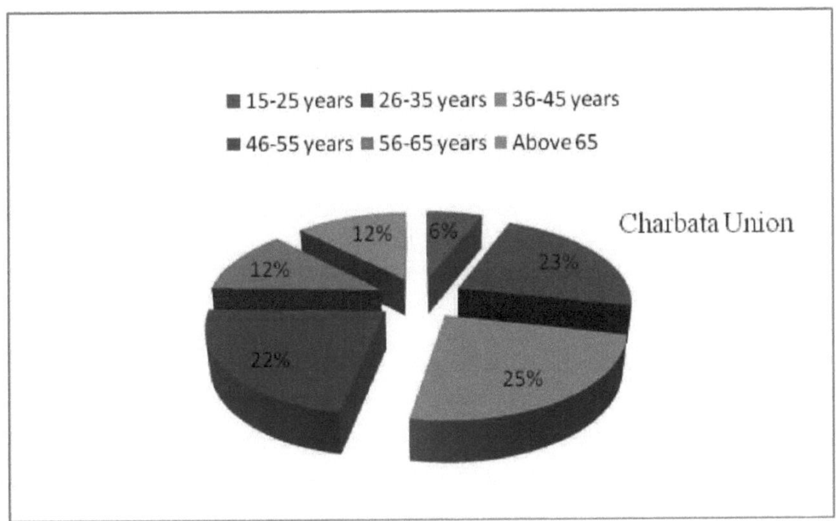

Fig. 4.1. Distribuição da idade na área de estudo

4.3.1.3 Tipo de família e membro

Para o presente estudo, as famílias são classificadas em dois tipos: I) Família nuclear II) Família mista. Na área de estudo, 52% dos agricultores viviam em famílias conjuntas e 48% em famílias nucleares.

Tabela 4.9. Tipo de família dos proprietários de lagos na área de estudo

Tipo de família	N.º de agricultores	% do total
Nuclear	24	48
Conjunto	26	52
Total	50	100

A dimensão da família foi definida como o número de pessoas, homens e mulheres, activos ou não, pertencentes à mesma família. O tamanho da família e a sua composição estão relacionados com a ocupação e o rendimento e têm uma influência considerável nas práticas agrícolas. O quadro mostra que a dimensão média da família foi estimada em 7,94 pessoas por família.

Tabela 4.10. Tamanho da família dos piscicultores

Membro da família	Charbata
Número médio de membros da família	7.94

4.3.1.4 Estatuto religioso

A religião desempenha um papel vital no ambiente social e cultural das pessoas numa determinada área. Ela actua como um constrangimento notável e modifica o padrão social das pessoas. Na área de estudo, 82% dos proprietários de lagos eram muçulmanos e 18% eram hindus.

Tabela 4.11. Estatuto religioso dos piscicultores na área de estudo

Religião	N.º de agricultores	% do total
Muçulmanos	41	82
Hindus	9	18
Outros		
Total	50	100

4.3.2 Capital financeiro

O capital financeiro denota os recursos financeiros que as pessoas usam para atingir os seus objectivos de subsistência. O capital financeiro dos piscicultores representa rendimento, ocupação, poupanças, crédito, etc. O sector da piscicultura tem o potencial de gerar quantidades consideráveis de capital financeiro para os recursos dos grupos associados.

4.3.2.1 Atividade principal

Na área de estudo, a maioria dos piscicultores estava envolvida na agricultura como ocupação principal (38%), seguida de negócios, incluindo pequeno comércio e manutenção de lojas (26%). 20% dos piscicultores estavam ocupados com serviços públicos e privados enquanto 10% dos donos de tanques vendiam os seus trabalhadores (tanto não qualificados como qualificados). 6% dos proprietários de tanques estavam envolvidos na piscicultura como ocupação principal.

Tabela 4.12. Ocupação principal dos piscicultores

Atividade principal	N.º de agricultores	% do total
Agricultura	19	38
Negócios	13	26
Serviços	10	20

Trabalhadores diaristas	5	10
Piscicultura	3	6
Criação de aves de capoeira		
Total	50	100

4.3.2.2 Ocupação secundária

A ocupação primária não pode proporcionar emprego a tempo inteiro e o rendimento derivado pode, portanto, ser insuficiente para proporcionar meios de subsistência adequados. Na área de estudo, 36% dos inquiridos declararam que a sua ocupação secundária era a piscicultura, enquanto 22%, 28%, 8% e 6% estavam ocupados em negócios, agricultura, serviços e criação de aves.

Tabela 4.13. Ocupação secundária dos piscicultores

Ocupação secundária	N.º de agricultores	% do total
Agricultura	14	28
Negócios	11	22
Serviços	4	8
Trabalhadores diaristas	-	
Piscicultura	18	36
Criação de aves de capoeira	3	6
Total	50	100

4.3.2.3 Rendimento anual do agregado familiar

Os piscicultores seleccionados foram agrupados em cinco categorias com base no nível do seu rendimento anual. A 1ª categoria incluía os piscicultores com renda anual de até 24.000 BDT. As 2ª, 3ª, 4ª e 5ª categorias tinham níveis de renda de BDT 25.000-50.000; BDT 51.000-75.000; BDT 76.000-1.00.000 e > 1.00.000, respetivamente. É evidente que a maioria dos agricultores inquiridos pertencia à 4ª categoria. A 4ª categoria tinha a maior proporção (34%) de agricultores, enquanto a menor proporção de agricultores (2%) pertencia à 1ª categoria.

Tabela 4.14. Rendimentos anuais dos piscicultores na área de estudo

Rendimento anual do agregado familiar (BDT)	N.º de agricultores	% do total

Até 24.000	1	2
24,000-50,000	9	18
50,001-75,000	13	26
75,001-1,000,000	17	34
>1,000,000	10	20
Total	50	100

4.3.2.4 Origem do crédito

No presente estudo, verificou-se que 92% dos piscicultores usaram o seu próprio dinheiro para a piscicultura e 6% dos piscicultores receberam empréstimos do banco para as actividades agrícolas. 2% dos piscicultores receberam empréstimos de outras fontes.

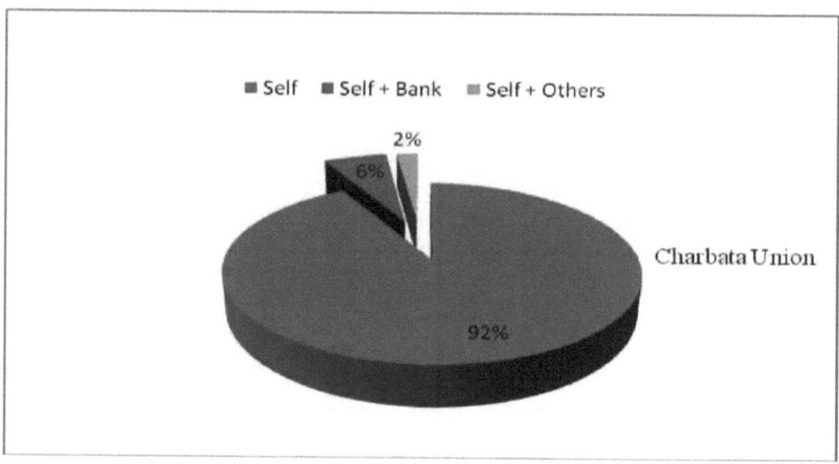

Figura 4.2. Situação do crédito na piscicultura

4.3.3 Capital natural

O capital natural das pessoas envolvidas na piscicultura representa os recursos naturais tais como terra, área de tanque, água aberta, sementes de peixe, tipo de solo, caracol e Tubifex para larvas e bens ambientais mais amplos que são críticos para os agricultores e grupos associados para apoiar a produção. Grandes áreas de terra, água e recursos naturais têm sido utilizadas para a produção de peixe. O rápido crescimento da população levou, em certa medida, a um esgotamento acelerado do capital natural que afectou o seu rendimento. A presença de canais, de canais e de planícies aluviais nas proximidades da área de estudo oferece uma enorme possibilidade de melhorar a gestão sustentável dos meios de subsistência dos piscicultores e da comunidade piscatória.

4.3.3.1 Distribuição das terras dos piscicultores

A área média de terra do proprietário do tanque era de 2,12 hectares na união de Charbata, onde a área da propriedade era de 0,51 ha, a terra cultivada de 1,37 ha e a área do tanque de 0,24 ha.

Tabela 4.15. Distribuição das terras dos piscicultores

Situação fundiária	Charbata
Zona de Homestead	0.51
Terras cultivadas	1.37
Lagoa	0.24
Total	2.12

4.3.4 Capital físico

Transporte, abrigo, estrada, mercado, eletricidade, abastecimento de água potável, saúde e instalações sanitárias são o capital físico das pessoas envolvidas em actividades de piscicultura. A falta de capital físico afectou as pessoas na prossecução das suas estratégias de subsistência.

4.3.4.1 Padrão de propriedade da unidade doméstica e situação da habitação

Nas áreas de estudo, verificou-se que todos os proprietários de lagos tinham a sua própria unidade de habitação. Assim, a maior parte das casas dos proprietários de lagos tinha um telheiro, cerca de 78%. Em seguida, 12% das casas eram katcha, 8% meio edifício e 2% edifício.

Tabela 4.16. Situação habitacional dos piscicultores na área de estudo

Estatuto da habitação	N.º de agricultores	% do total
Katcha	6	12
Tinshed	39	78
Meio edifício	4	8
Edifício	1	2
Total	50	100

4.3.4.2 Instalações sanitárias

O estudo mostrou que 74% dos operadores de lagos dependiam dos médicos da aldeia, enquanto 22% e 4% recebiam serviços de saúde do complexo de saúde upazila e de um médico MBBS, respetivamente.

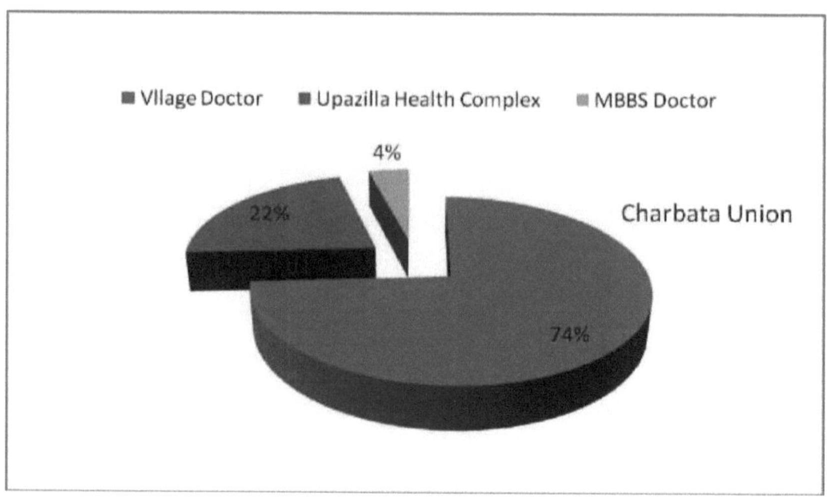

Fig. 4.3. Instalações sanitárias utilizadas pelos piscicultores

4.3.4.3 Instalações eléctricas

No presente estudo, 74% dos proprietários de lagos tinham instalações eléctricas e 26% não tinham eletricidade.

Algumas pessoas utilizaram a energia solar para produzir eletricidade.

Tabela 4.17. Instalações de eletricidade na área de estudo

Instalações eléctricas	N.º de agricultores	% do total
Sim	37	74
Não	13	26
Total	50	100

4.3.4.4 Fonte de água potável

Cerca de cinquenta inquiridos utilizavam todos poços tubulares como fonte de água potável. Isto indica um sinal positivo para as instalações de saúde na área de estudo. 62% dos proprietários de lagos tinham o seu próprio poço tubular.

Tabela 4.18. Fontes de água potável na área de estudo

Fonte de água potável:	N.º de agricultores	% do total
Poço tubular	31	62

Coletado de outros poços tubulares	19	38
Total	50	100

4.3.4.5 Instalações sanitárias

Na área de estudo são utilizados três tipos de casas de banho: 1) casa de banho katcha - feita de bambu com drenagem inadequada, 2) casa de banho semi-pucca - feita de lata ou madeira com drenagem inadequada, e 3) casa de banho pucca - feita de tijolo com boa drenagem. Um grande número de operadores de lagos utilizava uma retrete semi-pucca, ou seja, 68%. A Katcha e a pucca foram usadas por 6% e 26% dos inquiridos.

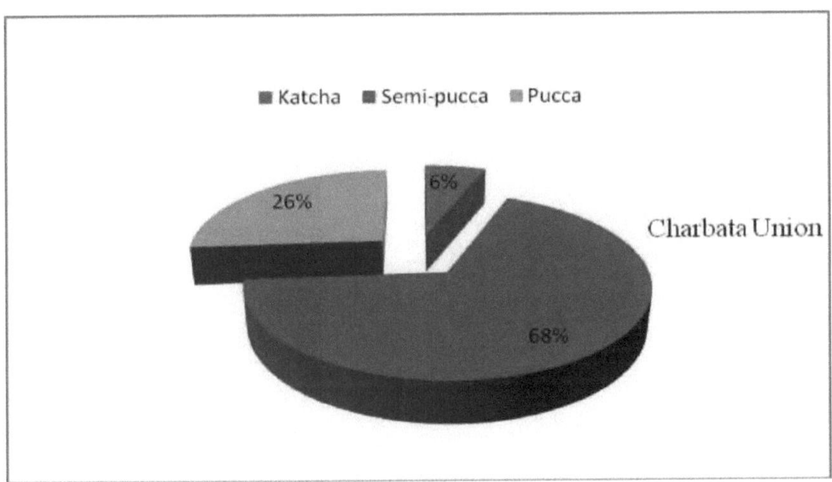

Fig. 4.4. Instalações sanitárias utilizadas pelos piscicultores na área de estudo

4.3.5 Capital social

A formação, a rede, a ligação social, o grupo, a confiança, o acesso à assistência técnica institucional são o capital social para a produção sustentável de peixe. A falta de capital social tem afetado os meios de subsistência das pessoas pobres nas comunidades piscícolas.

4.3.5.1 Formação de piscicultores

Do total de agricultores entrevistados, apenas 14% receberam formação formal. Os agricultores receberam formação do Gabinete de Pesca da Upazila com a ajuda do Departamento de Pescas (DoF).

Quadro 4.19. Agricultores que receberam formação na área de estudo

Formação obtida	N.º de agricultores	% do total
Sim	7	14

| Não | 43 | 86 |
| Total | 50 | 100 |

4.3.5.2 Experiência dos piscicultores

De acordo com o inquérito, 78% dos agricultores adquiriram experiência através de auto-estudo, 4% obtiveram experiência do Departamento de Pescas (DoF), 4% de amigos, 5% de familiares e 10% de ONGs.

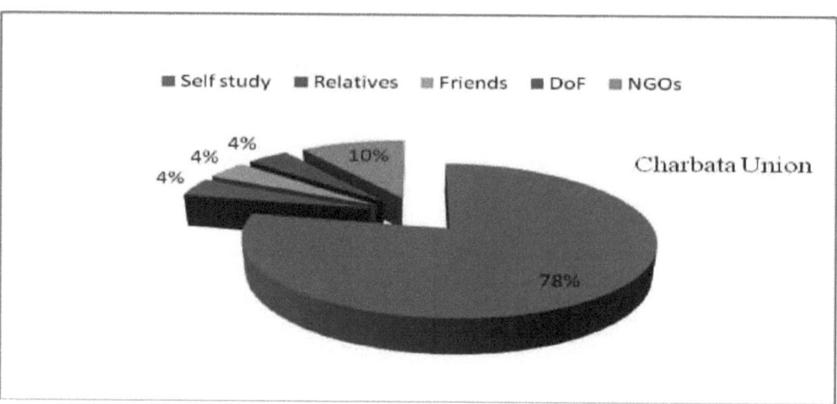

Fig. 4.5. Fonte de experiência em piscicultura na área de estudo

4.3.6 Transformação de estruturas e processos (TSP)

As instituições e as políticas das estruturas e dos processos de transformação têm uma profunda influência no acesso aos activos. As estruturas e os processos de transformação são as instituições, a organização, as políticas e a legislação que moldam os meios de subsistência. A compreensão dos processos institucionais permite a identificação de barreiras e oportunidades de meios de subsistência sustentáveis. A ausência de estruturas e processos apropriados é um grande constrangimento para o desenvolvimento da piscicultura e actividades relacionadas na área de estudo. Tanto o sector privado como o público não trabalham adequadamente com a piscicultura. As ONGs não têm desempenhado um papel significativo no desenvolvimento do sector em geral. Assim, a falta de ajuda institucional e administrativa, as fracas infra-estruturas e os serviços de extensão afectaram os meios de subsistência dos agricultores pobres e dos grupos associados.

4.3.7 Resultados dos meios de subsistência

Os resultados em termos de meios de subsistência podem ser considerados como o inverso da pobreza. A contribuição para a erradicação da pobreza e da insegurança alimentar depende do acesso equitativo aos recursos e do acesso dos grupos desfavorecidos a alimentos suficientes, seguros e nutricionalmente adequados (Scones, 1998).

Os resultados dos meios de subsistência da piscicultura e actividades relacionadas são positivos e a maioria das pessoas aumentou o seu rendimento. Apoios institucionais e organizacionais, serviços de extensão, mais conhecimentos sobre piscicultura e marketing são necessários para uma subsistência sustentável. O inquérito sugere que os agricultores melhoraram as suas condições socioeconómicas através da piscicultura, como confirmado por 94% dos piscicultores. Apenas 6% dos piscicultores não melhoraram as suas condições socioeconómicas devido a um conhecimento deficiente sobre a piscicultura, ao elevado preço da ração para peixes, a fracas facilidades de comercialização e à falta de dinheiro para a piscicultura.

Tabela 4.20. Melhoria da condição sócio-económica através da piscicultura

Melhoria da situação socioeconómica	N.º de agricultores	% do total
Sim	47	94
Não	03	6
Total	50	100

Apesar dos fracos recursos, os resultados da piscicultura são positivos e a maioria deles aumentou o seu rendimento, segurança alimentar e necessidades básicas. O estudo sugere que 94% dos piscicultores melhoraram a sua condição sócio-económica através da piscicultura. Atualmente, têm melhores alimentos, roupas, condições de habitação e educação dos filhos. No entanto, 6% dos piscicultores ainda não melhoraram a sua situação. O impacto da piscicultura reflectiu-se no processo de aumento da poupança, do investimento e da capacidade de compra, que aumentaram, e o problema do desemprego diminuiu, tanto para os homens como para as mulheres.

Chapter 5

Discussão

5.1 Estado físico dos lagos

A gestão da piscicultura em tanque depende do tamanho do tanque. No presente estudo verificou-se que o tamanho médio do tanque era de 0,24 ha. Saha (2003) descobriu que o tamanho médio do tanque era de 0.21 ha, em Dinajpur Sadar Upazila. Ali *et al.* (2008) verificaram que o tamanho médio dos tanques era de 0,13 ha em Bagmara upazilla no distrito de Rajshahi.

Na área de estudo, 26% dos tanques eram pequenos, 38% médios, 28% grandes e 8% muito grandes. Quddus *et al.* (2000) descobriram que a percentagem de tanques pequenos, médios e grandes era de 38, 44 e 18 em Demra, Dhaka. Na área de estudo, 64% dos operadores possuíam tanques de propriedade única e 32% de propriedade múltipla, 4% de tanques arrendados e não havia nenhum tanque de khas do governo. Quddus *et al.* (2000) observaram que cerca de 34% do total dos viveiros eram propriedade conjunta e 54% eram propriedade única e os restantes 12% eram propriedade pública ou de uma organização em Demra, Dhaka. É evidente a partir dos estudos que a propriedade múltipla é um dos principais problemas para melhorar a condição do tanque, bem como o uso eficiente dos recursos para o cultivo de peixes (Rahman, 1995 e Mollah *et al.*, 1990).

Na área de estudo, observou-se que 48% dos charcos eram sazonais e 52% eram perenes. Saha (2003) observou que 17% das lagoas eram sazonais e 83% eram perenes em Dinajpur sadar upazila. Rahman (2007) verificou que 42% das lagoas eram sazonais e 58% eram perenes no distrito de Kurigram. Os tanques sazonais tornam-se totalmente inadequados para a piscicultura durante a estação seca.

Na área de estudo, 62% dos charcos raramente eram inundados, 31% nunca eram inundados e apenas 4% eram inundados todos os anos. Quddus *et al.* (2000) observaram que apenas 28% dos tanques eram inundados todos os anos e 21% raramente eram inundados, enquanto 51% dos tanques nunca eram inundados. A prática da aquacultura depende das condições de inundação da zona. A visita frequente de inundações prejudica a cultura e a produção de peixe. A condição de inundação indica que é um problema menor nas áreas de estudo, o que é uma condição favorável para a piscicultura.

5.2 Tecnologia de produção de peixe

Do inquérito concluiu-se que quase todos os agricultores (100%) praticavam o sistema de policultura. Islam (2006) também encontrou resultados semelhantes em Lalmonirhat sadar Upazila. Amin *et al.* (2001) verificaram que a policultura era economicamente mais compensadora do que a monocultura, embora ambas as actividades agrícolas fossem rentáveis. Na zona de estudo, a época de cultivo decorre de abril a dezembro. Os agricultores desta zona cultivam sobretudo carpas (carpas principais indianas e carpas exóticas) e Sarpunti. Ahmed (2003) observou que o período de pico da policultura da carpa era de abril a dezembro, enquanto Islam (2006) e Rahman (2003) referiram que era de março a dezembro.

A densidade média de povoamento foi de 14 171 alevins/ha na zona de estudo. Saha (2003) efectuou um estudo em Dinajpur sadar Upazila e verificou que a densidade média de povoamento era de 16 561 alevins/ha. Islam (2005) verificou que o período de povoamento dos alevins era de março a maio e que a densidade média de povoamento era de 17 370 alevins/ha/ano.

A partir do inquérito, verificou-se que 96% dos agricultores aplicavam alimentos suplementares, tais como farelo de arroz e bagaço de óleo de mostarda. Alguns piscicultores utilizaram rações comerciais como a Quality feed e a Saudi bangla. Na área de estudo, 96% dos piscicultores usaram farelo de arroz, 74% usaram bolo de óleo de mostarda e 32% usaram ração comercial. Rahman (2007) descobriu que 80% dos piscicultores usavam ração suplementar, como farelo de arroz e bolo de óleo de mostarda. A utilização de farelo de arroz e de bagaço de óleo pelos agricultores varia de um local para outro, porque os agricultores muitas vezes não seguem uma taxa de alimentação e uma frequência normalizadas. O maior número de agricultores utiliza o farelo de arroz porque está disponível nas suas casas e também porque o preço de compra é baixo. A ração comercial é dispendiosa, pelo que é utilizada por um número muito reduzido de agricultores. Além disso, no Bangladesh, a maioria dos piscicultores de tanques rurais não tem dinheiro para a comprar.

Na área de estudo, a época de pico da colheita foi de outubro a dezembro. Saha (2004) relatou que a época de pico da colheita foi de novembro a janeiro, o que foi semelhante ao presente estudo. Os agricultores apanharam o seu peixe usando redes de fundição e redes de cerco na área de estudo. Na área de estudo cerca de 56% dos agricultores apanharam o peixe sozinhos e 44% apanharam o peixe com outros.

No presente estudo verificou-se que o rendimento médio anual de peixe foi de 2233,18 kg/ha. Alam (2006) verificou que o rendimento anual de peixe era de 2.609 kg/ha/ano. Rahman (2003) verificou que o rendimento médio anual da carpa foi estimado em cerca de 2.925 kg/ha/ano. A produção anual varia devido às diferenças de tamanho das explorações, alimentação, sementes, outros factores de produção e medidas de gestão.

5.3 Análise custo-benefício

Na área de estudo, verificou-se que o custo total médio anual da produção de peixe era de BDT 54.309,6/ha. Biswas *et al.* (2000) indicaram que o custo total médio da produção de peixe em tanque/ha/ano era de BDT 59.813,57. Ara (2005) descobriu que o custo médio de produção de peixe foi calculado em BDT 50.504 ha/ano.

No presente estudo verificou-se que o retorno médio da produção de peixe foi de BDT 156.322,6 /ha/ano. Sohel (1999) observou que o retorno médio por hectare da colheita de peixe era de BDT 151.435 /ha/ano.

A partir do inquérito, verificou-se que o lucro médio por hectare da piscicultura era de BDT 102.013/ha/ano. Quddus *et al.* (2000) observaram que no caso das categorias de cultura extensiva, extensiva melhorada e semi-intensiva o lucro líquido da piscicultura era de BDT 46.600, BDT 63.000 e BDT 92.000 respetivamente em Demra, Dhaka. O retorno líquido foi de BDT 59119-56484 /ha/ano (Ahmed, 2003).

5.4 Limitações da produção piscícola

A falta de fundos adequados foi identificada como o principal constrangimento mais importante na área de estudo (48%). Para além disso, a falta de conhecimentos técnicos (26%), a propriedade múltipla (12%) são referidos como outros constrangimentos principais nas áreas de estudo. Os proprietários de tanques mencionaram que o risco de caça furtiva de peixe, inundações e falta de disponibilidade de alevins e outros insumos são os problemas menores na área. Cerca de 8% dos donos de tanques pensam que as doenças são um obstáculo à produção de peixe. Rahman (2003) afirmou no seu relatório, que é semelhante ao do presente estudo, que os maiores constrangimentos à criação de carpas são a falta de dinheiro e os custos de produção. Saha (2004) relatou que o alto preço de vários insumos; falta de dinheiro, falta de conhecimento técnico, roubo e envenenamento eram as restrições para a produção de peixe.

5.5 Activos de subsistência

O capital humano representa as competências, os conhecimentos, a educação, a capacidade de trabalho e a boa saúde que, em conjunto, permitem às pessoas prosseguir as suas estratégias de subsistência (Ahmed, 2006).

A taxa de literacia dos piscicultores de viveiro pode desempenhar um papel vital na gestão e operação eficientes, bem como no sucesso da produção. A educação e a eficiência agrícola estão intimamente relacionadas e a educação tem um efeito positivo na eficiência agrícola. Do inquérito, verificou-se que 18% eram analfabetos. No presente estudo, verificou-se que 16, 30, 12, 14 e 10% dos inquiridos tinham o ensino primário, secundário, SSC, HSC e bacharelato. A taxa de alfabetização comunicada foi superior ao nível nacional de alfabetização de adultos de 65% (BBS, 2002). Zaman *et al.* (2006) constataram que 23,3% dos agricultores eram analfabetos, ao passo que 14,4, 8,9 e 6,7% tinham, respetivamente, o ensino primário, secundário e superior ou superior. Khan (1986) afirmou que o nível de educação é um fator que afecta a utilização do tanque para a piscicultura.

No presente estudo verificou-se que o maior número de operadores de viveiros tem entre 36 e 45 anos de idade, 24%. Kaiya *et al.* (1987) afirmou que a eficiência da piscicultura varia com a idade e o número de proprietários de tanques. Similarmente, Rana (1996) encontrou em seu estudo no distrito de Sirajgonj que 70% dos proprietários de tanques estavam na faixa etária de 18-45 anos. A distribuição etária dos agricultores tem uma influência importante na mão de obra, bem como na sua perceção do futuro. A idade dos agricultores e a dimensão das terras cultivadas são factores determinantes para a adoção de novas práticas agrícolas.

Na área de estudo, 52% dos agricultores viviam em famílias conjuntas e 48% em famílias nucleares. Rahman (2007) constatou que 28% dos piscicultores viviam em famílias conjuntas e 72% em famílias nucleares. Na área de estudo, a dimensão média da família foi estimada em 7,94 pessoas por família. Mollah *et al.* (1990) descobriram que o tamanho médio das famílias de piscicultores era de 7,61 pessoas, o que é mais ou menos semelhante ao presente estudo.

Na área de estudo, 82% dos proprietários de tanques entrevistados eram muçulmanos, 18% eram hindus e não foram encontradas pessoas de outras religiões. Rahman (2007) descobriu que 94% dos criadores de peixes eram muçulmanos, 3% eram hindus e 3% eram outros. Saha (2004) descobriu que em Tangail sadar upazila 86% dos criadores de peixes eram muçulmanos e 14% eram hindus.

O capital financeiro denota os recursos financeiros que as pessoas usam para atingir os seus objectivos de subsistência. O capital financeiro dos piscicultores representa rendimento, ocupação, poupanças, crédito, etc. O sector da piscicultura tem o potencial de gerar quantidades consideráveis de capital financeiro para os recursos dos grupos associados.

No presente estudo verificou-se que 36%, 26%, 20%, 10% e 6% dos inquiridos estavam relacionados com a agricultura, negócios, serviços, trabalho diário e piscicultura. Akter (2001) encontrou no seu estudo que 76% dos piscicultores estavam envolvidos na agricultura como sua ocupação primária. A maioria dos donos de tanques estavam envolvidos na agricultura porque o estudo foi conduzido numa área rural longe da cidade principal. A ocupação primária não pode fornecer emprego a tempo inteiro e o rendimento derivado pode ser insuficiente para fornecer meios de subsistência adequados. Na área de estudo, 36% dos inquiridos declararam que a sua ocupação secundária era a piscicultura, enquanto 22%, 28%, 8% e 6% estavam ocupados em negócios, agricultura, serviços e criação de aves. Sarker (2004) descobriu que 17%, 52%, 3% e 28% dos agricultores estavam relacionados com a agricultura, piscicultura, negócios e outros como ocupação secundária no distrito de Habigonj.

O estatuto **sócio-económico** de um agregado familiar é medido pelo rendimento. A maior percentagem (34%) de piscicultores ganhava BDT 75.000-100.000 por ano, o que é superior à média nacional de BDT 28.430 (BBS, 2004).

Na área de estudo, 92% dos agricultores usaram dinheiro próprio para as actividades agrícolas, 6%

do próprio + banco, 2% do próprio + outras fontes para as actividades agrícolas. Quddus *et al.* (2000) descobriram que apenas 34% dos agricultores obtiveram empréstimos bancários para a piscicultura. A maioria (53%) dos agricultores gastou o dinheiro da piscicultura com fontes próprias. Na área de estudo verificou-se que os pequenos agricultores estavam em situação de desvantagem devido à falta de recursos financeiros para a piscicultura e não obtiveram apoio financeiro de crédito institucional.

A área média de terra do proprietário do tanque era de 2,12 hectares na união de Charbata, onde a área da propriedade era de 0,51 ha, a terra cultivada de 1,37 ha e a área do tanque de 0,24 ha. Akter (2001) também constatou que os agricultores em crescimento tinham uma área média de terra de 1,63 ha. A média de terra por agricultor encontrada no presente estudo foi inferior à dos estudos anteriores. Isto deve-se possivelmente à divisão da propriedade fundiária devido ao aumento da população.

O capital físico da piscicultura é o transporte, abastecimento de água potável, instalações sanitárias, abrigo, estradas, mercado, eletricidade, etc. (DFID, 2000). Na área de estudo, a maior parte das casas dos proprietários de lagos tinha um telheiro, cerca de 78%. Em seguida, 12% das casas eram de katcha, 8% de meio edifício e 2% de edifício. O sindicato de Charbata não é tão desenvolvido como a cidade principal de Noakhali. Sarker (2004) observou nos seus estudos que a estrutura habitacional de 70% dos agricultores era em latada, 8% em katcha e 15% em meio edifício.

As instalações de água potável são um dos capitais físicos mais importantes. O estudo mostrou que 100% dos agregados familiares dos agricultores bebem água de poços tubulares, entre os quais 62% têm o seu próprio poço tubular. Ahmed (2006) também constatou que 100% dos agregados familiares dos agricultores bebem água de poços tubulares, entre os quais 35% têm o seu próprio poço tubular.

O estudo mostrou que 74% dos operadores de viveiros dependiam dos médicos da aldeia, enquanto 22% e 4% recebiam serviços de saúde do complexo de saúde upazila e de médicos MBBS, respetivamente. Rahman (2007) constatou que 44% dos piscicultores recebiam assistência médica dos médicos da aldeia, 29% recebiam assistência do complexo de saúde da upazilla e 27% dos piscicultores recebiam assistência médica de médicos MBBS.

No presente estudo verificou-se que apenas 74% dos agregados familiares dos piscicultores tinham eletricidade. O uso de eletricidade pelos piscicultores nas áreas de estudo é menos semelhante ao uso nacional de 35% (BBS, 2004). Islam (2006) também encontrou no seu estudo no distrito de Lalmonirhat que 30% dos piscicultores tinham a possibilidade de usar eletricidade.

Na área de estudo, um grande número de operadores de lagos usava sanitas semi pucca, que eram 68%. Ali *et al.* (2008) observaram que as condições sanitárias dos agricultores eram muito más na área estudada e apenas 28% declararam que tinham uma retrete de pucca. 62% tinham uma retrete semi-pucca. Alguns agricultores notaram que os agregados familiares dos piscicultores sofriam frequentemente de diarreia e cólera devido à falta de boas instalações sanitárias.

5.6 Resultados dos meios de subsistência

No presente estudo, 94% dos piscicultores melhoraram as suas condições **sócio-económicas** através da piscicultura. Esta melhoria pode ser descrita como aumento do consumo de alimentos, aumento do estatuto social, melhoria do nível de vida, aumento da educação familiar, aumento do poder de compra, escolha e capacidade como sector económico. Ara (2005) descobriu que 98% dos piscicultores podiam melhorar a sua condição de vida através da piscicultura.

Chapter 6

Resumo e conclusão

6.1 Resumo e conclusão

Este estudo foi realizado com o objetivo de compreender os sistemas de piscicultura em viveiro existentes, a situação de subsistência dos piscicultores em viveiro, a importância da produção de peixe em viveiro e os constrangimentos da produção de peixe em viveiro. O trabalho de investigação foi realizado no sindicato de Charbata, em Subarnachar upazila, no distrito de Noakhali. O estudo foi realizado de abril de 2011 a novembro de 2011 através de entrevistas por questionário a 50 agricultores.

No estudo, verificou-se que o tamanho médio dos tanques da área era de 0,24 ha, sendo que 64% dos operadores tinham tanques de propriedade única, 32% tinham tanques de propriedade múltipla e 4% tinham tanques arrendados. As percentagens de pequenos, médios, grandes e muito grandes viveiros eram de 26, 38, 28 e 8, respetivamente, enquanto 48% dos viveiros eram sazonais e 52% perenes. A policultura de carpas indianas e carpas exóticas foi praticada pela maioria dos agricultores. A densidade média de estocagem foi de 14.171 alevinos/ha e o rendimento médio anual de peixe foi de 2.233,18 kg/ha. O custo médio de produção de peixe foi de BDT 54.309,6/ha/ano. O retorno médio e o lucro líquido foram de BDT 156.322,6 e BDT 102.013 respetivamente. Embora as condições de vida dos piscicultores rurais fossem pobres, a situação dos meios de subsistência foi positiva e 94% dos piscicultores melhoraram a sua situação através da piscicultura. Nas áreas de estudo, a maior percentagem (34%) de piscicultores ganhava BDT 75.000-100.000 por ano. Entre os piscicultores, 18% eram analfabetos, enquanto 16, 30, 12, 14 e 10% tinham educação primária, secundária, secundária superior e bacharelato, respetivamente. No presente estudo verificou-se que 36%, 26%, 20%, 10% e 6% dos inquiridos tinham como ocupação principal a agricultura, os negócios, os serviços, o trabalho diário e a piscicultura. No entanto, a falta de fundos adequados (48%), a falta de conhecimentos técnicos (26%) e a propriedade múltipla (12%) foram referidos como os principais constrangimentos na área de estudo.

Considerando as diferentes observações durante o presente estudo, a união de Charbata foi considerada uma área potencial para a cultura e captura de peixes. Os resultados do presente estudo indicam claramente que os agricultores podem lucrar com a piscicultura e a produção de peixes em tanques pode ser aumentada melhorando a tecnologia de produção nos tanques existentes. Os resultados do estudo indicam que o nível de educação, a dimensão da propriedade, o rendimento familiar, etc. são factores importantes que afectam a utilização da piscicultura em tanques. As conclusões do estudo também mostram que as características estruturais do tanque, como a propriedade do tanque, o tamanho do tanque, etc., tiveram um impacto significativo na produção de peixe em tanque. Os piscicultores não são tão orientados para o crescimento como seria de esperar e uma grande parte deles não sente a necessidade de produzir maiores quantidades para obter o máximo de lucro.

Devido a limitações de tempo, este trabalho não abrangeu uma grande área como Subarnachar upazila e a amostra do inquérito foi demasiado pequena, pelo que os dados foram insuficientes. Seria preferível que o trabalho de investigação fosse efectuado num contexto mais vasto.

O resultado do presente estudo indica claramente que os resultados dos meios de subsistência foram positivos e 94% dos agricultores melhoraram os seus meios de subsistência através da piscicultura.

6.2 Recomendações

Com base nos resultados do presente estudo, foram feitas as seguintes recomendações para a criação sustentável de peixes em tanques e para manter os meios de subsistência sustentáveis dos piscicultores na união de Charbata.

i.   O governo pode empreender um programa motivacional massivo para encorajar os proprietários de lagos a produzir peixe. Este programa de motivação pode ser lançado através do departamento de pescas a nível de Thana.

ii.   Os piscicultores devem ter acesso à educação para que possam estar bem conscientes dos seus problemas e dos seus principais direitos.

iii.   O programa de formação deve ser fornecido com a ajuda do DoF e das ONG para melhorar os conhecimentos científicos sobre a piscicultura.

iv.   O governo deveria assegurar aos piscicultores e aos grupos associados um crédito bancário adequado e em condições favoráveis.

v.   A comercialização e as instalações conexas devem ser melhoradas para que os agricultores possam obter preços justos para os seus produtos.

vi.   Os sectores governamental, não governamental e privado devem avançar para o estabelecimento de mais explorações de multiplicação de sementes para aumentar a produção e a disponibilidade de sementes de peixe de alta qualidade a baixo custo.

vii.   Deveriam ser criadas mais incubadoras, para que os agricultores possam obter facilmente sementes de qualidade.

viii.   A formação, a extensão e o apoio institucional devem ser fornecidos aos piscicultores para uma produção sustentável, bem como para a melhoria dos meios de subsistência dos agricultores.

Referências

Ahmed, F. 2003. Estudo comparativo das práticas de policultura de carpas de três ONGs diferentes no distrito de Mymensingh. Tese de Mestrado, Departamento de Aquacultura, Universidade Agrícola do Bangladesh, Mymensingh, 65 pp.

Ahmed, N. 2006. The sustainable Livelihoods Approach of carp-mola polyculture in Mymensingh, Bangladesh. Tese de Mestrado, Departamento de Gestão das Pescas, Universidade Agrícola do Bangladesh, Mymensingh, 71 pp.

Akter, N. 2001. An economic analysis of pond pangas fish production in a selected areas of Trishal Upazila in Mymensingh district. Tese de Mestrado, Departamento de Economia Agrícola, Universidade Agrícola do Bangladesh, Mymensingh, 89 pp.

Alam, G. 2006. Status of fish farming and livelihoods of fish farmers in some selected areas of Mithapuqur Upazila in Rangpur district. Tese de Mestrado, Departamento de Gestão das Pescas, Universidade Agrícola do Bangladesh, Mymensingh, 59 pp.

Ali, M.H. e M.I. Rahman. 1986. An investigation on some socio-economic and technical problems in pond fish culture in two districts of Bangladesh. *Bangladesh J. Aqua.* **8(1):** 47-51.

Ali, M.H., M.D. Hossain, A.N.G.M. Hasan e M.A. Bashar. 2008. Assessment of the livelihood status of the fish farmers in some selected areas of Bagmara upazilla under Rajshahi district. *J. Bangladesh Agril. Univ.* **6(2):** 367-374.

Ali, M.Y. 1997. Fish, Water and People: Reflections on Inland Openwater Fisheries Resources of Bangladesh. Dhaka: University Press Ltd, 132 pp.

Amin, M.Z., M.H.A. Rashid, M.M. Rahman e M.A Quddus. 2001. Economics of pond fish culture under BRAC supervision in Mymensingh, Bangladesh. *Bangladesh J. Fish. Res.* **5(2):** 189-196.

Ara, Y. 2005. Assessment of small scale fresh water fish farming for sustainable livelihoods of the rural poor farmers. Tese de Mestrado, Departamento de Gestão das Pescas, Universidade Agrícola do Bangladesh, Mymensingh, 72-73 pp.

BBS, 2002. Statistical year book of Bangladesh. Bangladesh Bureau of Statistics, Statistical division, Government of the People' s Republic of Bangladesh, Dhaka, 660 pp.

BBS, 2004. Gabinete de Estatística do Bangladesh. Divisão de Estatística. Ministério do Planeamento, Governo da República Popular do Bangladesh, Daca, 673 pp.

BBS, 2011. Livro anual estatístico das pescas do Bangladesh. Sistema de Inquérito sobre Recursos Pesqueiros, Departamento das Pescas, Bangladeche, Daca, 41 pp.

Biswas, S.S., M.I. Hossain, M.S. Mazumder e M. Akteruzzaman. 2000. An economic analysis of pond fish culture of BRAC in some selected areas of Mymensingh district. *Progressive Agril.* **11(1-2):** 243-244.

Chambers, R. e R. Conway. 1992. Sustainable Rural livelihoods: Practical Concept for the 21st century. Documento de discussão, IDS No. 296.

DFID. 2000. Estratégias para atingir os objectivos internacionais de desenvolvimento: Erradicação da pobreza e emprego das mulheres. Documento de consulta, Departamento para o Desenvolvimento Internacional (DFID), Reino Unido.

Gill, G.J. e A.S. Motahar. 1982. Social factors affecting prospect for intensified fish farming in Bangladesh. *Bangladesh J. Agril. Econ.* **5(1-2):** 121-148.

Hossain, M.A., M. Ahmed e M.N. Islam. 1997. Cultura mista de peixes em tanques sazonais através de fertilizantes e alimentação. *Bangladesh J. Fish. Res.* **1(2):** 9-18.

Hossain, M.S., S. Dewan, M.S. Islam e S.M.A. Hossain. 1992. Survey of pond fishery resources in a village of Mymensingh district. *Bangladesh J. Aqua.* **14(6):** 33-37.

Hossain, M.Z. 1999. A socio-economic study of pond fish production in some selected areas in Noakhali district. Tese de Mestrado, Departamento de Gestão das Pescas, Universidade Agrícola do Bangladesh, Mymensingh, 67 pp.

Islam, M.R. 2006. Study on fish farming and the Livelihood of the fish farmers in sadar Upazila of Lalmonirhat district. Tese de Mestrado, Departamento de Aquacultura, Universidade Agrícola do Bangladesh, Mymensingh, 27-29 pp.

Islam, M.S. 2005. Situação socioeconómica da piscicultura em algumas áreas seleccionadas do distrito de Dinajpur. Tese de Mestrado, Departamento de Gestão das Pescas, Universidade Agrícola do Bangladesh, Mymensingh, 37-38 pp.

Islam, S. 1998. An Economic evaluation of pond fish culture under the supervised credit and contact system of DANIDA project Modhupur Thana of Tangail district. Tese de Mestrado, Departamento de Economia Agrícola, Universidade Agrícola do Bangladesh, Mymensingh, 56 pp.

Kaiya, M.K.U., M.F.A. Mollah e M.S. Islam. 1987. Levantamento dos recursos dos tanques de Mirzapur Upazila no distrito de Tangail. *Bangladesh J. Fish.* **10(1):** 37-43.

Khan, M.S. 1986. Socio-economic factors in the development of fisheries. *Bangladesh J. Agril. Econ.* **10(2):** 43-47.

Khan, M.S., M.A. Quddus e M.A. Islam. 1991. A study of pond fishery resources in Trishal Upazila Bangladesh. *Bangladesh J. Exten. Edu.* **5(2):** 55-64.

Mahmud, G.U. 2007. Samvabonamoee Subarnachar. Publicação M.A. Salam, 40/41 Banglabazar. Dhaka 1100. 145 pp.

Mohsin, A.B.M. e E. Haque. 2009. Effect of Constraints on Carp Production at Rajshahi District, Bangladesh. *Int. J. Fish.* **4(2):** 30-33.

Mollah, A.R., M.M. Zaman, S.N.I. Chowdhury e M.A. Habib. 1990. An economic analysis of fish production of pond in Laxmipur of Bangladesh. *Bangladesh J. Aqua.* **11(3):** 37-45.

Quddus, M.A., M.S. Rahman e M. Moniruzzaman. 2000. Socio-economic conditions of the pond owners of Demra, Dhaka. *Bangladesh J. Fish. Res.* **4(2):** 203-207.

Rahman, M.A. 1995. An economic study of pond fish culture in some selected areas of Mymensingh district. Tese de Mestrado, Departamento de Economia Agrícola, Universidade Agrícola do Bangladesh, Mymensingh, 94 pp.

Rahman, M.H. e T.H. Miah. 2001. Economia da piscicultura de tanque em algumas áreas seleccionadas do Bangladesh. *Bangladesh J. Fish. Res.* **5(1):** 95-100.

Rahman, M.M. 2003. Socio-economic aspects of carp culture development in Gazipur District, Bangladesh. Tese de Mestrado, Departamento de Gestão das Pescas, Universidade Agrícola do Bangladesh, Mymensingh, 72 pp.

Rahman, M.M. 2007. Estudos sobre a criação de peixes em tanques e os meios de subsistência da piscicultura rural em algumas áreas seleccionadas do distrito de Kurigram. Tese de Mestrado, Departamento de Gestão das Pescas, Universidade Agrícola do Bangladesh, Mymensingh, 83 pp.

Rana, M. e Dr. A. Forbes. 2000. Inquérito de base aos operadores de lagos e lagoas de Noakhali Sadar Upazila no distrito de Noakhali. Uma aplicação conjunta do GOB-DANDA e do IMS, CU. 56-94 pp.

Rana, M.S. 1996. An economic analysis of pond fish culture in some selected areas of Sirajgonj district. Tese de Mestrado, Departamento de Economia Agrícola, Universidade Agrícola do Bangladesh, Mymensingh, 57 pp.

Saha, M.K. 2003. Um estudo sobre a tecnologia de produção de peixe no Noroeste do Bangladesh. Tese de Mestrado, Departamento de Aquacultura, Universidade Agrícola do Bangladesh, Mymensingh, 71 pp.

Saha, S.K. 2004. Socio-economics aspects of Aquaculture in Tangail sadar Upazila. Tese de Mestrado, Departamento de Aquacultura, Universidade de Agricultura do Bangladesh, Mymensingh, 77 pp.

Sarker, C. 2004. Socio-economic aspects of pond fish cultured women in some selected areas of Habigonj district. Tese de Mestrado, Departamento de Gestão das Pescas, Universidade Agrícola do

Bangladesh, Mymensingh, 27 pp.

Scoons, I. 1998. Meios de subsistência rurais sustentáveis: A frame work for analysis. Documento de trabalho do IDS n° 72. Brighton, IDS.

Shahjahan, M., M.S. Islam, M.A.J. Bapary e M.I. Miah. 2003. Socio-economic conditions of fishermen of the Jamuna river (Condições socioeconómicas dos pescadores do rio Jamuna). *Bangladesh J. Fish.* **26(1-2):** 47-52.

Shohag, M.S.H. 1996. Um estudo sócio-económico sobre a piscicultura em tanques com crédito supervisionado em Nandail Thana do distrito de Mymensingh. Tese de Mestrado, Departamento de Economia Agrícola, Universidade Agrícola do Bangladesh, Mymensingh, 76 pp.

Sohel, N.U. 1999. A socio-economic study of pond fish production in some selected areas of Noakhali district. Tese de Mestrado, Departamento de Economia Agrícola, Universidade Agrícola do Bangladesh, Mymensingh, 87 pp.

Zaman, T., M.A.S. Jewel e A.S. Bhuiyan. 2006. Situação atual dos recursos pesqueiros de lago e meios de subsistência dos piscicultores de Mohanpur Upazila no distrito de Rajshahi. *Bangladesh J. Fish.* **25:** 31-35.

Apêndice

Questionário para piscicultores de lago

Data da entrevista: Número da amostra:

Secção A. Informações pessoais:

1. Nome: ....

2. Endereço: aldeia: União .... : Upazila   : Distrito:

3. Idade:..........

4. Sexo :..........

5. Religião: ....

6. (a) Número de membros da família: .... Homens .... Feminino.........

(b) Tipos de família: 1= Família conjunta, 2= Família nuclear

7. Formação académica:

0= Sem instrução, 1= Primário (1-5 classes), 2= Secundário (6-10 classes), 3= SSC (10 classes)

(aprovação), 4= HSC (aprovação na classe 12), 5= Bacharelato

8. Informações sobre o terreno (em hactor):

a) Área da propriedade: b) Terra cultivada: c) Lagoa permanente:

9. Profissão:

Ocupação	Primário	Secundário
Agricultura		
Negócios		
Piscicultura		
Serviço		
Criação de aves de capoeira		
Outros		

10. Rendimento familiar anual dos piscicultores: .... Taka/ano

Secção B. Informações sobre a piscicultura:

1.   Tamanho do tanque: ......Decimal ou ....ha. Profundidade ....ft.

1= Pequeno 2= Médio 3= Grande 4= Muito grande

2.   Idade da lagoa (anos):............................

3.   Propriedade da lagoa:1= Propriedade única: 2= Propriedade múltipla:

3= arrendamento: 4=Khas do Governo

4.   Tipo de lagoa:1= Sazonal: 2= Perene:

5.   Estado das inundações: 1= Todos os anos inundado 2= Raramente inundado 3= Nunca inundado

6.   Método de cultura: 1= Monocultura 2= Policultura 3= Cultura integrada

Em caso de policultura, quais as espécies e o número de alevins/fundas

7.   a) Época de piscicultura....................Período de repovoamento:.........

Época de colheita: ....

b)   Frequência de colheita: 1= Colheita total 2= Colheita parcial

c)   Faz a sua própria apanha de peixe? 1= sim. 2= não

Em caso negativo, 1= Contratar colhedor local, 2= Homens do meio colhem

3= outros (especificar) ....

8. Densidade de povoamento: ....alevins / tanque decimal ou alevins   /   tanque decimal

a)   Tamanho dos alevins/perfis armazenados ....

b)   . Origem dos alevins/fundas: 1= Incubadora 2= Natural ou selvagem 3= Vendedor

9. Fertilização e calagem:

a)   Utiliza fertilizantes na piscicultura?   1 = sim 2 = não

b)   Em caso afirmativo, indicar o fertilizante

1= Cal2=   Estrume de vaca3=   Ureia

4=TSP5=   Abate de aves de capoeira

10. Alimentação e alimentação:

a)   Dá comida aos peixes? 1 = sim 2 = não

b)   Em caso afirmativo, que tipo de alimentos fornece?

l=Natural 2=Suplementar 3=Comercial............................

11. Produção total de peixe (em policultura): ....kg/ha/ yr.

12. Quantidade de peixe consumida pelo seu agregado familiar: .... kg/ano, Presentes: kg/ ano

13. Onde e a quem vende o seu peixe: ....

14. Análise custo-retorno da produção piscícola:

Análise de custos:

Entrada	Quantidade	Preço/unidade	Montante (BDT)
Alevinos			
Alimentação			
Fertilizante			
Inseticida			
Trabalho humano			
Colheita			
Marketing			
Custo total			

Análise do retorno:

Saída	Quantidade	Preço (BDT)	Montante (BDT)
Peixe			

Rendimento total

Lucro = Rendimentos totais (receitas) - custos totais =...................................... BDT

12. Fonte de informação:

a)   Aprendizagem da piscicultura: 1= Vizinhos. 2= amigos; 3= parentes

4= DoF 5= Estudo autónomo

b)   Obter assistência técnica para a criação de peixes: 1= Vizinhos. 2= amigo;

3= Familiares 4= DoF 5= Auto-estudo 6= ONG

13. Fontes de financiamento: 1= Próprio 2= Próprio + Empréstimo bancário 3= Próprio + Outros

14. Quais são os factores responsáveis por não cultivar peixes no seu tanque?

1= Propriedade múltipla 2= Falta de conhecimentos técnicos 3= Falta de fundos adequados

4= inundações5=   risco de doença   6=Risco de caça furtiva

7= Falta de disponibilidade de alevinos e outros factores de produção

Secção C. Informações socioeconómicas:

1. Propriedade da unidade de alojamento da casa: 1= propriedade, 2= arrendado, 3= hipotecado, 4= utilização livre.

2. Condições de habitação: 1= katcha2=   Barracão de lata3=   Meio   edifício4= Edifício

3. Fonte de água potável: 1= Poço tubular 2 = Lagoa 3= Outros

4. Tem um poço tubular próprio: 1= Sim2=   Não

5. Onde se dirige para obter serviços de saúde? 1= médicos da aldeia 2= complexo de saúde da Upazila 3= médicos MBBS

6. Dispõe de instalações eléctricas? 1= Sim 2= Não

7. Instalações sanitárias: 1= Kacha 2= Latrina semi-pucca 3= Latrina pucca.

8. Acha que a sua condição socioeconómica melhorou depois da piscicultura?

1= Sim 2= Não

9. Se tiver mais terreno, gostaria de converter a sua exploração piscícola? 1= Sim 2= Não

Em caso afirmativo, porquê: ....

**Obrigado

Printed by Books on Demand GmbH, Norderstedt / Germany